你的努力，世界不会辜负

写给为梦想而奋斗的你

李娟◎编著

中国轻工业出版社

图书在版编目（CIP）数据

你的努力，世界不会辜负 / 李娟编著 . — 北京：中国轻工业出版社，2019.9

（写给为梦想而奋斗的你）

ISBN 978-7-5184-2349-1

Ⅰ . ①你… Ⅱ . ①李… Ⅲ . ①成功心理—青年读物 Ⅳ . ① B848.4-49

中国版本图书馆 CIP 数据核字 (2019) 第 173103 号

责任编辑：由　蕾　　策划编辑：由　蕾　　责任终审：劳国强

封面设计：王玉美　　版式设计：张龙梅　　责任监印：张京华

出版发行：中国轻工业出版社（北京东长安街 6 号，邮编：100740）

印　　刷：北京画中画印刷有限公司

经　　销：各地新华书店

版　　次：2019 年 9 月第 1 版第 1 次印刷

开　　本：880×1230　1/32　印张：33.5

字　　数：500 千字

书　　号：ISBN 978-7-5184-2349-1　定价：198.00 元（全 5 册）

客服电话：010-85111939

网　　址：http://www.chlip.com.cn

Email：club@chlip.com.cn

如发现图书残缺请与我社邮购联系调换

181397G1X101ZBW

前言

在漫漫的时间长河里，世界最终不会辜负每一个努力的人。成功只会来得晚一些，但不会缺席，你只要坚持到底，一定会走出属于自己的精彩的生命之路。

也许你已经听到过很多遍类似的话，但人生坎坷，你可能会觉得自己在人生路上一直努力坚持，为什么境遇却没有任何改变?

为什么偏偏是我，成功要来得这么迟?

不要沮丧， 不管面对的情况有多糟糕。古语说，“人生不如意者十之八九。”这并不是说，人生就应该活在痛苦之中；相反，痛苦只是人生中必须要面对的经历之一，它是成长的过程，而不是结果。

人的一生中，必定会经过无数坎坷，经历无数的挫折与失败，体验无数的艰辛和劳苦。那些挺直脊梁，走过艰难困苦日子的人，终究体验到了成功的喜悦。那不是意外的惊喜，而是冥冥中的必然。

经历过低谷，走过人生的新阶段，再来重新品味成功的滋味。什么样的成功，才是我们要追逐的呢?成功不是攀缘富贵，也不是天降财富，而是一个人做着自己喜欢的事情，并且每天无怨无悔地去努力，去追寻梦想，并最终实现。

有人认为，时间过得太快，努力的速度往往赶不上房价的增长，假如没有良好的根基和资源，没有贵人相助，很难有什么建树。其实，这恰恰是对努力最大的误解。就是因为人生之路太漫长了，短时间内的财富爆发甚至家族继承，并不能作为终身的依靠。如果一个人沉不住气，又轻而易举地走向别人赐予的“人生巅峰”，势必拔苗助长，早晚会品尝到辛酸与失落。

追逐梦想，必然要经历对努力的坚持。被困难击倒的人，只要生命没有结束，只要有勇气站起来重新开始，就依然站在成功的必经之路上。多年后回头，看到的是“人生”在帮你刷经验、买教训。

有时，我们拼尽全力去做某事，结果却仍然难以令人满意。然而，这还不是最糟糕的，最糟糕的是没有用尽全力就中途放弃。每当你觉得坚持不下去，想放弃的时候，都要先真诚地问问自己：“你是否真的拼尽

前言

全力？” 只有熬过了无数艰难的岁月，可以自己选择自己的命运时，才能对成功有底气。

人生在世，除了父母家庭是命中注定，其他的一切都可能改变，它就像是一场场闯关游戏，支撑我们到下一关的，永远是不断走下去的勇气。世界上的天才绝对是“稀缺品”，家世良好、背景强大的天才就更少了，即便如此，温室中的天才也要努力，否则难免陷入“伤仲永”的悲剧之中，何况我们这些普通人？

马太效应说：“凡有的，还要加倍给他叫他多余；没有的，连他所有的也要夺过来”。有人把这作为逃避努力的借口：因为这是个“赢家通吃”的社会，我的起点太低，努力也没有太大效果。其实，这是对马太效应的误解，是逃避现实、拒绝努力的借口。

上帝是公平的，赐予人不同的天赋，一个人只要努力，让自己变得强大，就会在前进的过程中受到鼓励，从而越来越强，最终走向成功之路。假如一个人有了成就而不努力上进，对自己已有的成绩不珍惜，就会变得平庸甚至倒退，进而在平庸之路上越来越沮丧，最终泯然众人。

驻足不前的人，与其抱怨自己距离成功太遥远，不如停下来思考：那些我们心生羡慕的成功人士，背后付出了什么样的艰辛和勇气？我们要相信，只要坚持，普通人也有机会赶上天才。要知道，每一个成功者背后，都隐藏无数汗水和泪水，咬紧牙关、奋力奔跑，才能笑到最后，与成功握手。

时间是神奇而公平的，人生漫漫，苦难和挫折算不了什么，经过打磨，钻石才会更加熠熠生辉；坚守梦想、不忘初心，我们的人生才会变得更加丰富多彩。坚持下去，努力不会被辜负，迎接你的一定是好运。

目录
CONTENTS

Chapter 1 —— 你的努力，将成就不可取代的你

Chapter 2 —— 所谓苦痛，不过是黎明前的黑暗

Chapter 3 —— 有梦想，人生才能无所畏惧

Chapter 4 —— 坚持，比努力更重要

目录

CONTENTS

Chapter 1

×

你的努力，将成就不可取代的你

成功并非遥不可及

说起“成功”，也许很多人会觉得非常遥远，难以实现。然而，成功也许没有想象中的那般困难，只是很多人有意无意夸大了困难的程度，让自己变得缩手缩脚，从而不愿去奋斗。

在杨澜的一档访谈节目中，著名的节目主持人敬一丹第一次在节目中打开心扉，讲述自己所向往的退休生活。这时的她，刚退休不久。

她说，自己对退休生活的向往来自于一位她曾经采访过的人，这名被采访人的故事让她深受感动，并向往不已。

这位被采访者是一位阿姨，六十岁时，她离开了工作岗位，正式宣布退休。但这位阿姨并未因此开始悠闲度日，她为自己制定了一个宏伟的计划，她要用未来三十年时间去完成一百件事情，一百件以前想做却没做到的事情。

这让当时的敬一丹感到不可思议，甚至认为她完全是在空想。三十年后，这位阿姨都九十岁高龄了，她的计划还有实现的可能吗？这些计划的实现难度也太大了吧！

让所有人没想到的是，三十年后，这位阿姨竟然真的做到了。她用三十年时间实现了这一计划，并且身体还十分的硬朗。

这位阿姨的故事让敬一丹羡慕不已，不由感慨，希望自己也可以在以后的退休生活中继续追逐自己的人生目标。此外，敬一丹还说：人之所以会觉得事情困难，难以实现，那是因为没有勇气去尝试，只要尝试着去做，就会发现，大多是自己夸大了它的困难程度，它们很可能完全没有想象中的那般困难。六十岁，在大多数人眼里，意味着老了；然而在另一部分人看来，它代表着另一种人生的开始。

为什么有些人没有抓住成功的机会？因为他们总是把问题想象得太难。尤其是那些不自信的人，他们习惯性无限放大困难，让自己变得胆怯、不敢去做，困住他们的不是别的，而是自己的心魔。

这让我不由得想起自己来北京前的那段日子，内心充满了恐惧和不安。在此之前，我听过许多北漂人的故事，听他们诉说自己在北京生活的艰辛。在去北京的路上，我的内心一直忐忑不安，脑海中充斥着工作压力和生活环境等问题。

工作后，我慢慢发现，北京的生活和工作环境并没有那般残酷和艰难，现实也完全没有我想象中的艰难。不过，想在一个新的地方站稳脚跟，困难肯定会有的，在那段艰难的日子里，我曾住过地下室；也曾在寒冷的夜晚奔走于街头，只为签订一笔单子……

只要心中有梦，并愿意为其努力奋斗，慢慢地，你就会发现，那些困难最终都会被你一一解决，它们完全没有想象的那般可怕。更何况，你对成功充满了真挚又热烈的向往，并且为其真心努力奋斗过，上天早晚会眷顾你的。成功远没有你想象的那般困难和遥不可及，只要你敢迈出第一步——勇敢的第一步。

1864 年，美国南北战争结束后，有一位名叫马维尔的法国记者有幸采访了林肯总统。

记者问道："总统先生，关于废除黑奴制，上两届总统都曾经尝试过，而且《解放黑奴宣言》早在他们那个时期就已经起草了，可为何他们没有去签署实施呢？他们是有意留下这一伟业，让您成就英名吗？"

林肯回答道："可能吧！但是，如果他们知道，仅仅需要一点勇气就可以签署并实施它的话，他们肯定会十分后悔，后悔自己当时为什么没有努力去做。"

只可惜当时林肯总统的行程安排得十分紧凑，导致这次采访到这里就被迫结束了，马维尔没能继续问下去，也没能让他弄清楚林肯总统的话到底是什么意思。

直到 1914 年，马维尔才在林肯致朋友的一封信中找到了答案，解开了这个困惑他多年的问题，这时林肯已经去世五十年了。在信中，林肯讲述了一段自己年幼时的经历：“在西雅图，我的父亲曾有一处农场，它是我父亲以较低价格从上任老农场主手中买下来的，之所以能以较低的价格购买，那是因为农场中有许多石头。有一天，我的母亲提议搬走上面的石头，我的父亲却反驳道，它们看起来虽然只是石头，实际上它们是一座座山，而且都与大山相连，要是能搬走的话，那老农场主还会卖给我们?

“有一天，我的父亲外出，我们和母亲留在农场劳动。这时，母亲对我们说，一起搬走这些石头吧！于是，我们一块块挖走那些石头。很快，我们就发现，它们仅仅是一些大石块，并不是父亲想象中的小山，只要稍微用力往下挖一点，就可以把它们挪动。没过多久，这些石头就被我们全部给清理干净了！”

最后，林肯写道，一些事情，人们之所以不敢去做，是因为他们认为不可能做到，然而许多的不可能仅仅是他们自己认为而已。

马维尔读到这封信解开疑惑的时候，已经 76 岁高龄了，然而就是在这一年，他下定决心要再学习一门外语。据说，1922 年，他用流利的汉语在广州采访了孙中山先生。

很多人总是无限放大困难，导致尝试和努力的脚步都被自己给阻碍了。许多不可能只是人们自己想象出来的罢了。然而，只有很少一部分人知道这个道理。

只要你愿意去尝试、去努力，勇敢地迈出第一步，你就会发现，成功其实很简单，完全没有想象中的那般困难。

没有不劳而获的成功

我们现在所经历的一切，都是在为未来做准备。对于每一天，我们唯有认真对待，努力奋斗，才有可能获得成功。如果你浪费时光，无所作为，只会不断扩大自己与成功之间的距离。对于别人的成功，我们总是羡慕不已，尤其会羡慕那些原本各方面条件跟自己相差无几的人，比如同事、同学等。因为业绩出众，我的一位同事总是遭到其他同事的羡慕和嫉妒。

"上天不公呀！我可比他努力多了！""为什么会是他，凭什么……""他运气好而已……"

在我身边也有很多各方面都十分优秀的人，但我从不认为他们的成功是偶然得到或从天而降的。当然也不能说完全没有偶然的因素，但绝对不是仅凭运气，而且这种运气也并非决定性的因素。

保安，我见过许多，但给我留下深刻印象的却只有一个。

他，二十出头，保定人，在我们小区工作，小区的人都喜欢叫他小张。小张白白胖胖，身材并不高大，平时很少说话，一见到人，只会腼腆地一笑。

一天到晚，小张都抱着一个智能手机，紧紧地不愿松手。跟其他年轻人不同的是，别人整天玩手机不是跟对象煲电话粥，就是看电影玩游戏，而他却是在听音乐，而且是单曲循环一首音乐，似乎百听不厌。

他的名字，小区里有些人不知道，但一提到“那个喜欢听歌的小伙子”，却无人不知。年轻人喜欢音乐是一件很正常的事情，虽然他对音乐的痴迷已经不能用简单的喜欢来形容，但他的爱好既无伤大雅，也不干扰别人，因此也没人说过什么。

很多次路过小区门口，总能看见小张静坐在那里，不是托着腮冥思苦想，就是在奋笔疾书，或傻傻地抱着书发愣。闲暇的时候，别的保安都聚在一块聊天，而他却从不参与。

他奇怪的行为引起了我的好奇心，我忍不住问他：“你到底每天在写些什么呀？”

我的问话让他看起来有些难为情，他挠了挠头说：“写歌词呢！”

他的回答让我有些吃惊，又不由替他担心，一个草根，他写歌词，除了能自娱自乐，还能做什么？

我的疑虑似乎被小张察觉，他激动地说：“我相信，我写的歌，总有一天会得到大家的认同，会被大家所熟悉的。”

慢慢地，我跟小张开始熟悉。后来我才知道，他经常在网上放自己创作的歌词，用自己的作品参加各种大赛，也经常寄歌词给音乐公司。

尽管他有这些努力向上的举动，但我依旧很担心，担心他这样一位学历不高的保安，是否真能获得成功?

然而让人没想到的是，成功真的降临到了他的身上。小张的歌词先是在一场比赛中获了奖，后来，有人谱曲在电视上唱了他的歌，这让小张在圈内变得小有名气。紧接着，便有人花钱请小张创作歌词，小张也不再当保安，专职做起了作词人。

利用业余时间，一个小保安通过写歌词改变了他的命运，这是我以前想都不敢想的事情。但是我相信，他之所以能获得成功，绝非偶然。对于生活中的每一天，他都认真地过、努力地拼搏，打下了坚实的基础，为将来取得成功做好了准备。

我朋友亲戚家有一位孩子，她的故事也令我感触很深。

她叫小杰，出身普通家庭，长相一般，但身材十分高挑。

从初中开始，她就梦想成为一名空姐。然而人人都说她的理想不现实、难以实现。想成为一名空姐，谈何容易，更何况，小杰家也没有亲戚朋友在航空公司工作。这让小杰时常受到别人的冷嘲热讽。

甚至还有一些不怀好意的人嘲笑小杰是“癞蛤蟆想吃天鹅肉……”，也有人劝她“现实一些吧，以后你找个文员或会计的工作，一辈子安安稳稳地……”

别人的冷嘲热讽并未动摇小杰的决心，她依旧坚持自己的理想，每天按照空姐的标准去要求自己，行走坐立都挺直腰板，就算坐凳子，也只坐三分之一，时时刻刻都如同一只骄傲的白天鹅。她告诉自己，要时刻保持优雅，并为了将来能体检合格，坚持每天锻炼。

她还坚持节食，保持好身材。就算是自己最爱吃的食物，她都每天按量食用，不管晚上有多饿，坚决不吃宵夜。她说，想要在将来众多人选中脱颖而出，从现在开始必须严格要求自己。

有一天，她的阑尾发炎，医生说要进行手术。可她听说，想要做空姐，就不能有手术的经历，便不肯做手术，坚持通过打针吃药治疗。为此，一家人都急疯了，多危险的事情呀，可她却硬生生地挺了过来。

想要成为空姐，最好的办法就是上空乘学校。知道这个消息的小杰早早锁定了目标，她每天泡在书山题海中，一刻都不松懈，只为能考上理想中的学校。功夫不负有心人，通过不懈的努力，她最终如愿以偿考上了空乘学校。在两年后的实习期时，有航空公司前来招聘。因为实习期的待遇差，而且上班的地方远离家乡，很多同学都不重视这样的机会。但小杰却十分重视，在第一时间报了名，并开始为面试做准备。

上天是公平的，准备充分的她顺利通过了面试，成为一名空姐。尽管还是实习，但她却时刻严格要求自己，对于每一件事，都认真地对待。一年后，公司正式签约了她，她的梦想终于得到了实现。

小杰的成功，令许多人羡慕不已，说她是运气好，一个相貌和能力都很普通女孩子竟然能考上空姐。然而，小杰成功背后日复一日的努力和艰辛又有谁知道呢?

成功绝非偶然，我没见过不劳而获的成功。你现在所经历的每一天，都是在为未来打基础，为的就是能在未来获得成功。只有努力把握住每一天，才有机会在将来获得成功。如果你虚度光阴，只会离成功越来越远。

披荆斩棘，接受人生种种不可能

《挑战不可能》是国内一项大型励志挑战性节目，在节目中，挑战者需要去完成一些看似不可能完成的任务，不断挑战自己的极限。在一次节目中，来挑战的是两位杂技演员，他们是一对夫妻。挑战的内容是妻子头顶瓷器，站在丈夫肩膀上，而丈夫站在高跷上，然后由丈夫驾驭着高跷，一蹦一蹦地登上台阶。仅仅是看他们这样站着就感觉十分担心，再蹦台阶的话，那……

他们前两次的挑战都失败了，每次失败，丈夫都会等着钢丝安全吊走妻子，他才放心，然后再下高跷。终于在第三次挑战时，他们取得了胜利。

接着，主持人问他："杂技这般困难，为何不放弃这种职业呢？"

他回答道："我没法放弃，因为我热爱这门艺术。"

主持人又问道："除此之外，还有别的原因吗？"

听到这个问题，男人不禁哽咽，说道："我的双胞胎女儿今天也来到了现场，而我一直是她们心目中的英雄和榜样。此外，我父母的身体不好，家里经济压力也比较大。作为一个男人，我必须充满力量，这样才能让他们安心。”

其实他们夫妻二人在杂技界早已获奖无数，只是喜欢低调行事，不愿张扬。他们一直这样坚持努力着。

在人生这场旅程中，我们一直在行走，一直在不停地向前走，但我们心里都清楚，一切都会随着我们的前进变成过去，包括上一秒的荣耀。

在成长的过程中，我们害怕受伤，害怕失败，更害怕我们会变成自己所厌恶的样子。各种各样的锻炼让我们变得更加强大，慢慢地，身边的人开始依靠和信赖我们。

在上大学时，我可以为了追一部影视剧而整夜不睡。一看到那些电视剧，我便会莫名涌上一种冲动，想要去保护那些善良又柔弱的女主角。

韩剧的剧情通常是千折百转的，只要柔弱的女主角被迫离开或死去，我的心便会很痛，想要保护她的欲望更是越发强烈。当然了，我还会对那些纯情到傻的高富帅充满神往，不由浮想联翩。

现在回过头来，再去看以前那些喜爱万分的电视剧，内心毫无波澜，完全没有了当时的那种冲动，哪怕那些柔弱的女主哭得肝胆俱裂，或帅气的高富帅露出再无辜的笑容。

成长，让我变得越发成熟，更加佩服那些饱含力量的人。他们沉稳淡定，做事干脆利落，强势而不霸道，对于内心的软弱，他们从不轻易流露，很善良却时刻坚守自己的底线。当遇到伤害时，他们亦能进退自如，完全不用借助别人的力量，活得潇洒。同样的，他们也有爱情，但他们从来不会为了爱情拼到你死我活的地步，因为他们知道生活不仅仅包括爱情，爱情只不过是生活中的一部分。对于人生中的每一个关卡，他们都淡定处理，他们善于挑战，挑战每一个不可能，挑战自己的极限。

就像电影《劳拉快跑》中的那个红发女郎，她拼命地在城市中奔跑，她要在二十分钟内筹得十万马克去拯救自己的爱人。在这般短的时间内，要筹得这么多钱，拼的是智慧，而不是美貌或谁更爱谁。美剧《权利的游戏》中的龙女，她出身高贵，只可惜被迫卸掉了全部的光环，惨遭遗弃。在荒芜的山崖洞穴中，她可以选择投降，只是她投降后，她的族人会从此没落。因此，她选择了努力拼搏，她趴在洞穴中，静静地等待着奇迹的发生。最终，她成功地走出了悬崖，带领衣衫褴褛的多斯拉克人奋起反抗，为族人赢得了荣誉和尊严，更赢得了希望。

可能是受到命运压迫的原因，在关键时刻，一些人总是能迸发出连自己都想象不到的强大的力量。他们浑身上下散发着一种与众不同的光芒，他们温柔、上进、努力，使周围的人为之折服。在这个时候，结果已经变得不那么重要了，他们的奋斗历程使我们心潮澎湃，仿佛自己也参与了其中，感受到了真正的幸福。

拼尽全力，执着于自己的梦想

我一直对自己存在很多幻想，幻想自己可以成为传说中的女学霸，幻想自己可以成为一位高冷女神，幻想自己成为一位独立的追梦者……总之，我幻想过很多，可惜的是，女学霸也好，高冷女神也罢，这些高高在上的代名词似乎都离我太远，我还是一个普通的人，一个没有他人为我鼓掌，只有自己为自己鼓掌的平凡人。不过，我也感到十分庆幸。

因为，我就是生活中喜欢折腾的那种人。

对于安逸的生活，或许每个人都向往，但每个人并不能享受完全的安逸。只要活着，就必须朝气蓬勃、积极向上，这种正能量可以使你充满阳光、积极向上。

我十分怀念我的学生时代，尤其怀念我的同学小A。小A虽然是男生，却长相清秀，拥有比女生还白嫩的皮肤。要知道，在那个时期，几乎每个同学的脸上都长满了青春痘，可他的脸上却十分白净，几乎被“痘男痘女”嫉妒死了。在我的记忆里，A同学内向且话不多，从不轻易开口，但开口总能切入要点，使人震惊，只要和他稍微熟络，他便会变得健谈起来。

像 A 同学这类男生，外表冷漠，内心丰富。A 同学有很多的爱好，其中一个爱好就是画画，在分班时他选择了艺术班，但是他文化课成绩也不错，所以后来又转到了普通班（我们班）。此外，看漫画也是他的一个爱好，而且他购买的漫画全是原装进口的那种，有不少精装版的画册。要知道，这些漫画的价格是很高的。我记得他曾购买了一本精装版的画册，花了 100 多块钱，在那时，我们一周的生活费才一百块钱呀！那时候，我和 A 同学都是那种每周生活费和零花钱全提前规划好的在校生，花每一分钱都要按照计划来。我记得当时 4 块钱就能吃一份快餐，可我每天下午吃过饭后总能看见 A 同学在吃卷粉，而且是那种两块钱一份的卷粉。这种情况本没有什么特殊的地方，只是时间长了，就不免有所好奇，想去问问为什么。

慢慢地，我跟 A 同学熟悉了，这才知道为了攒钱买漫画书，他每天下午只吃两块钱的卷粉，目的就是可以省下两块钱。这让那时的我觉得他在瞎折腾。出身农村的我根本不理解，家庭条件不错的 A 同学为何要这般省吃俭用地买书，为何不直接向父母多要点钱呢？此外，我还在想，他之所以不好意思问家里多要钱，可能是因为他是个男孩子的缘故。有次上自习，我和A同学一起看了一部动漫，我至今记得那部动漫里唯美而伤感的情景，清晰地记得里面的一句台词“樱花飘落的速度是每秒钟5厘米，而我要以怎样的速度生活，才能再次与你重逢？”

对于坚持画漫画、省钱买漫画的A同学，以及他所执着喜欢的漫画家小畑健，当时的我总是想不明白。随着时间的推移，我逐渐明白，像A同学这样，执着喜欢一样东西的人是何等的幸运，在他的世界里，根本没有孤单二字。至于他为何要如此折腾着买书？唯一可以合理解释的理由可能就是因为喜欢吧！

我有一个朋友叫童童。她毕业后一直在一家事业单位做会计，有编制，工作稳定，这是很多人羡慕的工作。到了一定年龄，家人开始给她安排相亲，希望她能安稳度过一生。但是童童却不这样想，她的心里有梦想，她不愿意一辈子待在小县城里，不愿意接受这种按部就班的命运。目前这种看似安逸的生活其实在消磨她的人生，这种生活对她来说如同牢笼一般。她希望通过考取北京的研究生来让自己走出家门，改变自己的命运，过上一种不同于祖辈的生活。

可以预见的，她的想法遭到了几乎所有家人和朋友的反对。朋友们好心提醒，说她只是个二流大学的本科毕业生，而且已经毕业这么久，当今时代知识更新速度快，她想从外地考进北京名校，几乎难似登天。父母更不理解，认为她已经年近三十岁，快成大龄剩女了，而且她本人天分一般，这样瞎折腾，将来一定会后悔的。

在一片反对声中，童童还是选择坚持自己的梦想。她坚定地辞了职，准备复习考研，她起早贪黑地学习。结果并没有那么美好，成绩公布时，她成绩差了三分，第一次考研以失败告终。

这次失利让身边的人有了更多的借口攻击她，大家嘲讽她考不上是意料之中，这下可惨了，研究生没考上，工作也丢了，赔了夫人又折兵。然而不管别人如何议论，童童心里很清楚，经过这段时间的复习考试，她越来越清晰地看到自己的梦想和目标，她更加明白自己想要的生活。别人怎么议论没关系，她还是要坚持自己的梦想。

她调整好心态，开始新一轮的考研备战。她调整了学习方法，合理安排学习时间，第二年如愿以偿地考上北京一家名校的研究生班。研究生学习期间，因为成绩优异，她还多次被派往国外做交流生。毕业以后，童童顺利进入一家国际金融公司，遇到了自己的另一半，过上了自己想要的生活。

童童因为没有放弃，通过自己的努力，改变了自己的命运。

我非常佩服像童童这样有坚定信念并不懈努力的人，她没有安于现状，而是努力寻找更多的可能，努力去挖掘自己的潜能，迎难而上，努力奋斗，最终实现了看似遥不可及的梦想，得到了想要的东西，实现了人生无悔。

选择自己喜欢的，坚持自己喜欢的，并持之以恒地去努力，不做命运的傀儡，去实现自己的人生，这也是我们拼尽全力的最大意义。

相信岁月，定然不会辜负努力的你

在我们生活中，通常不管是男孩，还是女孩，如果到了三十岁还没有结婚，便会被称作“剩男” “剩女”。就是大家都认为你被“剩”了。然后不是遭遇逼婚，就是被同情或嘲笑。如果你恰好也是这种情况，你或许对自己单身的状态觉得无所谓，然而身边那些七大姑八大姨的唠叨和各种劝慰，会让你烦不胜烦，却也无可奈何。

你可能感觉现在的一切挺好，自己事业有成，拥有自己的梦想和追求，喜欢享受一个人生活，自己完全可以打理好自己的生活。你的身边还充满了赞扬和肯定，唯独单身这点让人有些遗憾。当别人为你的单身现状遗憾时，你心里可能会不自觉地去想，自己是否真的该结婚了，可这么长时间了，自己连恋爱都没谈过，现在要去哪里找个对象呢？去相亲，两个人都不熟悉，更别说喜欢了；自己谈恋爱，没时间，没心情。就这样，你陷入进退两难的地步。

年轻人，你其实完全没必要害怕什么。

幸福来晚点也没什么大不了。

岁月不会辜负每一个人，它只不过是早晚的事情。

所以啊，不管外界再怎么变化，岁月再无情，你都应该让自己勇敢无畏，保持天不怕地不怕的样子，活出真实的自己。我想，这才是最重要的吧！

但凡去过台湾“诚品书店”的旅客，无不被它的魅力所折服。一家书店，它不仅可以做到吸引游客，还可以带动当地的经济增长，实现名利双收，可谓是真正的成功。纵观大大小小的书店，如今能取得这样成就的寥寥无几。

台湾“文案天后”李欣频的代表作是《诚品副作用》，其中有一篇文案，因充满创意，至今让许多粉丝喜爱有加：“过期的菠萝罐头，不过期的食欲；过期的底片，不过期的创作欲；过期的《Play Boy》，不过期的性欲；过期的旧书，不过期的求知欲。”

李欣频是一位典型的成功女性，超过 40 岁了还没结婚，单身的生活被她过成了最美的履历：她已经在世界上 30 多个国家留下了自己的足迹，她平均每年会观看 200 多部电影，而且对每一部电影她都会从广告从业者、作家、老师这三个角度做出三份不同的笔记。

在印度，她认识了自己的前男友，他们都是台湾人，不仅年纪相仿，还拥有共同的爱好，喜欢书和音乐。开始她认为，有着相同精神寄托与追求的他们一定会长长久久地走下去。但是时间一久，她才发现，越是相近，两个人越容易产生摩擦。两个人太相似了，便会对彼此有更高的要求，不自觉地要求对方明白自己的内心，一遇到事情，就会去想："我为何这样想，而你却不这样觉得呢？"再比如，她喜欢一样东西，便认为他一定会主动买来送给自己，然而他却没有这样做。这时，她便会想："他明明知道我喜欢这个东西，可为何就是不买给我呢？"问题是她心里有想法，但忍着嘴上不说，让别人猜测她的心思。直到忍到某个临界点，情绪突然爆发出来，这时，男友会惊讶地说：这件事在我心里不值一提，为何她那般在意呢？

类似上面所说的这些情况，相信在许多恋人之间都会出现，而且不只出现一次。自己认为对方会很在意，对方却没有在意；自己很在意，可对方却不在意。

李欣频说："通过婚姻去寻找一种安全感，这是一种错误的想法。现在许多婚姻，都是因为无法在婚姻中找到安全感，导致离婚的。因此，不要将安全感寄托在婚姻里，不然有很大概率会走不到终点的。并且你结婚的对象是一个活生生的人，不是一个固定的东西，更不是一个港口，就算你们已经结婚了，他照样会接触到不同类型的人，他的兴趣很可能会发生改变。所以在婚姻中，你想得到什么东西，必须是自己有能力给自己的，不然，你的婚姻基本上可以说是失败的。”

在生活中，有些女孩子着急结婚，只是为了通过结婚来使自己的欲望得到满足，甚至是为了可以得到一个不断索取的对象，然而，婚姻是需要双方互相付出的。

“不害怕被抛弃，才能活得随心所欲；不缠着别人要保障，伴侣才会在没有负担的情况下，回应我们的爱。许多人把爱情视为保障，害怕被抛弃，于是终日活在索求和抱怨之中，惶惶不可终日，伴侣关系很快就会变质，甚至快速瓦解，婚姻也就走向了尽头。”这段话出自李欣频的作品《创作，是心灵疗愈的旅程》，它告诉我们一个道理：伴侣间想要建立平等的关系，就必须两个人共同付出，互不依赖，不随意寻找安全感，不斤斤计较，不要求对方单方面付出或一味地索取。

世界上只有两种动物能成功登上金字塔，一种是老鹰，一种是蜗牛。现实中，并非所有人都如同老鹰一般，拥有矫健而敏捷的翅膀，这注定我们大多数人只能是后者，成为一只“蜗牛”。可现实却是，我们大多数人仅仅变成了一只蜗牛，而不是一只积极向上的蜗牛。

前几年，网络上有一篇微博被疯狂转发和评论，标题为《如果我终将三十岁，那也是像陈意涵一样的三十岁》。2012年的陈意涵已经三十岁了，可她丝毫没有刻板印象中三十岁的模样，依然拥有如少女般美好的身材和脸蛋，有着疯狂而自由的灵魂。这是因为她每天都在做同龄女人大多已不想做的事情：马拉松、登山、跑步、倒立等。对于生活，她是如此的热爱，每一天，她都用自己的双手去拥抱阳光，这样的女人怎么会老呢？

总之，亲爱的年轻人，请你放心大胆地去努力、去追求，岁月定然不会辜负努力的你。

不管值不值得，多为人生准备一条路

琳琳在一家配饰设计公司工作，是一个部门的小主管，主要做方案策划。公司项目都是那种高端大气上档次的大项目，老总陈姐和林工是极致的完美主义者。所以，每次在拿到新项目要做设计方案时，琳琳和同事们都会很紧张。

一次，公司接到了一个大的设计项目，接手的时候对方说喜欢简约时尚风格。但陈姐还是坚持让琳琳的团队做三个设计。时间紧、任务重，在为这些方案不眠不休备战时，有同事抱怨说："人家已经提了要求，说喜欢简约时尚风格，人家要求什么我们做什么不就可以了吗？为什么非得做至少三个版本的备案呢？"

这个疑问确实也让人有些难以理解。但这就是陈姐和林工一贯的作风，以备不时之需。

后来，去甲方那里汇报时，他们对公司做的那款简约时尚风格的设计方案并不满意。因为方案费了很多心思，团队成员连着熬了几个夜晚，这个反应让他们很有挫败感，也茫然无措。这时陈姐迅速拿出另外的备案，向甲方一一做了介绍。没想到备选的方案之一得到了甲方的认可，公司不但获得了与甲方继续深入交流的机会，团队的职业态度也得到了客户的高度赞许。

出了甲方的大门，他们感觉轻松和畅快极了。庆幸之余，更是佩服陈姐和林工的深谋远虑和职业素养，也多亏了准备充足，要不然这个项目的命运就可想而知了。

后来，琳琳自己创业，也做设计工作。每次需要准备设计方案的时候，不管对方要求几个方案，她都会另外再多做几个方案以备不时之需。也很奇怪，经常会是那些备选的方案被选中，事前的充足准备一次次地帮琳琳救了火。而且，这种态度让客户非常认可，琳琳的事业也做得越来越好。

其实生活亦是如此，有人读本科的时候会选读第二专业，有的人已到中年，还坚持一边上班一边带孩子一边攻读硕士，这便是为人生多做的准备，为人生多准备一条路，不管是否有用，不考虑是否值得。只要选定目标，坚持努力了，总有一天，这些准备的功力就会显现，会给你带来意想不到的收获。

我有一位朋友任职于杂志社，他做了多年的摄影工作，是杂志社国内版的摄影师。他喜欢日本，一直想去学日语，计划有一天去日本拍摄美丽的图片。

后来他下定决心要去学日语，以便将来有机会去日本时用。在他下定决心的那一刻，他甚至开始有些崇拜自己，并沉醉在自己的人生目标里。

然而第二天，当他兴高采烈地向同事说出自己的想法时，这些同事哄笑道:“你就别逗了，英语从小开始学，到现在都二十多年了，你都没学好。现在却想学日语，简直异想天开啊！”

“你工作这么忙，有没有想过，这件事情是否真的值得你去做？”

“你觉得做这件事情有意义吗？”

有人冷嘲热讽、有人劝他放弃……我朋友的信心瞬间被浇灭了，同事们说的都没错，英语学了二十多年，现在能脱口而出的也只是几句日常用语。而如果日语完全是零基础，加上年龄大了，记忆力不比以前，时间也很有限，想学好一门新的语言真是一个遥不可及的梦。

于是，很自然地，他把学好日语去日本的愿望给搁置了。

但他终究还是有些不甘心的，后来他从网上买了很多日语书，还下载了很多日语学习视频，想自学成才。然而，他学习的动力不够了。实际上，他买的那些书几乎都没翻过，对那些学习视频也是三分钟热度。

时间又过去了一年，杂志社接了一个新项目，要去日本拍樱花拍温泉，同事们知道他喜欢日本，不约而同想到了他。我朋友这时候着急了："可日语我还不会呢，基本上没开始学呢。"

同事说："这也没关系啊，社长会给你配个日语翻译的，听说这次要在日本待一段时间呢。你的日本梦要实现了，真好。"

朋友高兴极了，是啊，自己多年的日本梦终于可以实现了。

就在大家包括他自己都认为这次非他莫属的时候，社长却告诉他，考虑到他不会日语需要另配翻译，综合各种成本后，杂志社决定重新外聘一个懂日语的摄影师。

朋友后悔不已。他后悔当时没有坚持自己的想法，后悔没有坚持学日语。梦想是自己的，为什么要听别人的意见，要受别人的影响呢？

做任何一件事情，其价值来源于我们内心。当你内心认为这件事值得做的时候，那就坚持去做。如果你总是在纠结，总是在犹豫，总是受别人的影响而摇摆不定。那么，你失去的不仅仅是一次机会，更是那个勇敢无畏的自己。

当然，很多时候那些信心百倍的力量，如星光闪烁，很难长久保持。希望这些信心绽放出来的星光能长久地陪伴你，直到你面对一路上的风风雨雨，也正是这些不同的经历，才成就了不一样的你。

哭着播种，才能笑着收获

就算我们现在一无所有，你也完全不用担心，只需朝着你的目标坚定不移地前进。等某天突然回过头来，你会惊讶地发现，你现在所处的舞台已经接近甚至超过了当初的梦想。

我有一位朋友，她就职于一家保健营养品公司，是销售经理。每次与她聊天，她都能深深地吸引住我，她浑身散发着热情，充满感染力，使人在不知不觉中充满力量，如沐春风。

从开始的相识到现在的相熟，她的故事让我钦佩不已，不仅惊讶于她出色的工作能力，更震撼于她坎坷的工作经历。

她原是一个农村姑娘，2004 年高中毕业后就选择了北漂，并一直坚持到了现在。冬日的北京寒气逼人，她跑遍了北京的大街小巷，只为可以租到一间低廉的地下室。想想也是，想在北京这样的大城市找到工作，本来就很不容易了，更别说她还是一个高中毕业的女孩子。最终，她在一家保健营养品公司找到了工作，从事营销，每月基本工资少得可怜，只有八百块。

但她相信，只要自己坚持下去，迟早有一天会出人头地，获得成功。就这样，她从第一份工作开始，都安心地拼命工作。可想象并不是现实，现实根本没有那么容易。

困难接连而至，让她不止一次想要放弃这份工作，但不服输的性格注定了她不会轻易放弃。她坚信，别人可以做到的事情，自己同样可以做到。她不断鼓励自己，告诉自己要坚持下去，不能轻易放弃。一个偶然的机会，她接到一个来自天津的电话，拨打电话的是一位大爷。大爷说，他从报纸上获悉了这款产品，特意打来电话询问详情。这让她十分高兴，激动地跟大爷在电话里说了半天，可大爷始终没有听懂她所说的话。

突然，她灵机一动，说："大爷，请您告诉我，您的地址，我给您写封信寄过去，里面会有关于这款产品的详细介绍，保证您一看就懂。"

刚挂了电话，她便认真地写起关于这款产品的所有内容的介绍，连功效、作用和营养价值都写得十分清楚。她的做法让公司同事十分不解，写信费事又费力，更何况公司的产品都有详细的彩页资料。然而别人的说法并未能改变她的想法，一写好信，她便立即寄了出去。

果然，没过多久，大爷打来了电话，只不过，大爷说想试用一次，以防没有效果。

这可难住了我这位朋友，公司有明文规定：只有客户交完钱后，公司才能发货。经过再三考虑，她决定用自己身上仅有的钱买了一份产品邮寄给了大爷，要知道，购买一份商品要 500 块，而 500 块是她当时全部的积蓄。一旦被骗，她连下周吃饭的钱都没有。她自己把自己推到了悬崖边，但她清楚，这同样是一次机会，第一次销售成功的机会。

在邮寄产品的时候，朋友还特意写了一封信捎带了过去。在信中，她详细写明了产品的使用方式和注意事项，并用彩色笔着重勾画，以防大爷看不清。与此同时，她也在信中告诉大爷，公司的规定是先付款后发货，因为觉得大爷真诚，所以自己掏钱买了这个产品给大爷，如果大爷认为效果不错，还请汇款给她。

就这样，她开始一天天焦急地等待。就在她快要绝望，认为大爷是个骗子时，她收到了银行的讯息，大爷不仅汇来 500 块，还另寄 1500 块购买产品，奇迹发生了。

就这样，大爷成了她第一位客户，并逐渐变成了老客户，帮忙替她向身边人推荐这款产品。之后的工作，她更是坚信亲笔信最能体现诚意，短短一个月，她就用掉了三大本的书信纸……一年后，女孩的月工资已经达到了一万多，是她刚开始工作时的十多倍，这还不算奖金之类的。每隔一段时间，公司便会举行回访活动，还有人特意去了天津，找到了当初那位大爷。

大爷说，之所以选择他们家公司，我朋友写来的信起到了很大一部分作用。她那样一个真诚的人，没有人会相信她是一个骗子，更何况她还敢用自己的钱给顾客“买单”……多年之后，我这位朋友的年薪已经高达三十多万，而且是这家公司唯一一位只有高中学历的主管经理。

朋友的故事让我不由把她与那些和她同龄的人进行对比，这些同龄人中有很多至今还在抱怨，抱怨这个社会，抱怨自己的工作，可我想问问他们，你们到底拼尽全力了吗?

马云现在很受年轻人崇拜，这其中很大一部分原因是马云最开始时跟我们一样，都是平凡的普通人，都是从社会最底层一步步向上爬的。可就这样一位普通人，凭借着自己的坚持和努力，成功走到了今天这一步，创造了令人瞩目的阿里巴巴。

多年后，马云再次回到自己最初创业时创立的海博翻译社，写下四个大字：永不放弃。就这简简单单的四个字，如同在传达一种信念，我们必定会遇到许多解决不了的事情，尽管这些无法轻易解决，但是我们只要永不放弃，想尽办法坚持下去，就会发生奇迹。

在成功之前，每个人都会经历一段痛苦且难熬的日子。在那段日子里，我们或许会退缩，会害怕，会担心，会忧虑。但我们一定要牢记自己的目标，不要放弃自己的努力。

多年之后，你会惊喜地发现，自己原来可以这般优秀。回过头来，看看自己来时走过的路，你会惊讶于你现在所达到的高度，你会感谢当时努力的自己，是当年那个拼尽全力的“你”让自己成为想成为的自己。

Chapter 2

×

所谓苦痛，
不过是黎明前的黑暗

只有不可取代，才能不被替代

关于人的细胞，民间流传它更新换代的周期仅为 7 年，也就是说，每过 7 年时间，人就会成为一个全新的自己。

当今世界，人类知识更新换代速度也不断加快，从 18 世纪时的 80 到 90 年知识更新一次，到 19 世纪至 20 世纪初的 30 年更新一次，再到 20 世纪六七十年代的 5 至 10 年更新一次。从 20 世纪 80 年代开始，大多数学科的知识每 5 年就会更新一次，到了 21 世纪的今天，甚至每过两三年，一些学科的知识就已经更新一遍了。对此，联合国教科文组织曾专门做过研究，得出这样一个结论——人类知识的更新换代速度因当今信息通信技术的发展而加快。

知识更新周期加快的速度让人惊讶，周期变得越来越短，这也意味着，只要不学习，你所代表的知识和技能，很快就会全面落后。

现在，很多行业两三年前的一些技术大多已经派不上用场了，现在大家使用的工作技能都是一边工作一边学习得来的。一波波新人涌进各个行业，他们带着新的技能、视野和思想，对拥有工作经验的老员工们发起了挑战。在薪资方面，新人们可能还不会要求过高，这更让老员工们处于危险之中，随时可能会被替代和淘汰。这就是知识更新周期变短所带来的工作压力。为了能更好地适应社会，人类需要不断地改变。

士别三日当刮目相看，仅过了三年，你就会惊奇地发现，当年那个书呆子，现在成了令人瞩目的公司高管；以前的丑小鸭，现在是美丽动人的白天鹅；当年桀骜不驯的文艺青年，现在可能变成了街角的卖菜大叔。

每个人都拥有自己的命运，但可以不断往上发展的却只有那些积极进取、不断努力的人。只有不断努力让自己变得更加强大，才不会被人取代。

童文红 2000 年进入阿里巴巴，从最早的公司前台到今天的高级副总裁，这一路走来，她一直坚持不懈，不断努力，这也让她拥有了富有传奇色彩的人生经历。刚进入阿里时，她仅仅是一位平淡无奇的公司前台。仅过了一年，就有一个国际站团队，邀请她前去加盟。这一事件也得到了媒体的关注，曾报道于 2007 年的《中国青年报》。几个月后，时任阿里巴巴集团首席人力资源官的彭蕾也向她发出邀请，希望她可以就任行政部主管。

在彭蕾的鼓励下，童文红勇敢地担任了行政部的主管，从此她的事业不断上升，一路飙升至阿里副总裁。童文红在接受采访时曾这样评价自己——“又傻又天真，又猛又持久”，并且还说包括马云在内，所有的阿里人都有这种心态。

从默默无闻的公司前台到令人瞩目的阿里合伙人，这么大的跳跃简直让人难以置信，这里面当然有机遇的因素，但最重要的因素一定是她个人坚持不懈的努力和付出。童文红的传奇固然无法让大多数人效仿，但每个人都可以从中得到激励。

我很喜欢日本纪录片《寿司之神》中的一个励志故事。90 岁高龄的小野二郎是这个故事的主人公，他是世界上年纪最大的三星主厨，有“寿司第一人”的美称，可以说，他是师傅中的师傅、达人中的达人。在日本本土，他享有极高的社会地位；甚至在全世界，他也相当受人尊敬。在寿司上面，他投入了大量的时间和精力，仅在做寿司上面花费的时间就超过了 55 年，这也让他做寿司的技巧堪称世界一流。小野开的寿司店名为“数寄屋桥次郎”，位于东京办公大楼的地下室，从食材到进入消费者口中，每一个环节都做到了精心的挑选和准备。位置的偏僻丝毫没有影响到这家寿司店的生意，并且这家店已经连续两年得到米其林的三星评价，甚至有人说，用一生去等待这家店都是值得的。

小野这种职业精神让人敬佩，更值得我们去深思和学习。想要成为某方面的专家，就必须不断提高自己的专业技能。蔡澜老师曾说过这样一句话：喜欢一样东西，就要不断花费心思去研究它，等你的研究达到一定程度，靠它赚钱就成了轻而易举的事情了。

不想自己被别人取代，就需要不断改造和完善自己。所谓不可取代，讲的就是自我的价值。给自己制定几个计划，不管是生活技能，还是专业知识，或是社交技巧，这些都可以。比如，你可以计划一年时间里自己要读多少本书。

不管知识更新得多快，环境再怎么变化，只要一直努力去做一个积极向上的人，持续不断地自我提高，别人就不会轻易取代你。

付出和回报是成正比的，在你不断变好、变强的同时，工作和生活也自然不会差。

只要愿意，就没有改变不了的未来

我们每个人都应该相信，只要自己愿意付出努力，终有一天会破茧成蝶获得成功。可想要拥有这样的成功和收获，就必须承受更多的痛苦和煎熬。在一次面试中，我偶然遇见了老同学阳阳，我们聊了很多，也了解了她这些年来的经历。

我与阳阳是高中同学，高考时，她因几分之差落榜了。后来，她选择了复读，去了本市最著名的复读班，后来取得了较好的成绩。

然而在填报志愿时，意外发生了，阳阳填错了志愿。

拿到通知书的那一刻，她几乎绝望了，可一切已经无力回天，无法改变。能考上本科的分数，却收到了省内一所师范专科院校的通知书，尽管专业是她最喜欢的英语，可她怎么甘心呢？她告诉我，她是“一路哭着”去学校报到的。那天的面试，阳阳也发挥得并不好。

自我介绍后，招聘方提问，为何没在简历里看见英语专业四级的复印件？阳阳略带羞涩，慢吞吞地说：“没有考过！”

因为紧张，在十五分钟的试讲中，阳阳出现了好几次口误。更严重的是，在阐述观点时，她先做了陈述，然后在几秒后，却又说出跟前面论点完全相反的结论。

仅从主考官的表情来看，我们就能知道阳阳胜出的希望渺茫。可她却说：“本来我就没抱太大希望，我是大专生，而你们全都是本科生。”

面试结果还没出来，阳阳就提前走了。走之前，她还在小声嘀咕“要不是当年……都怪当年的错误……”我和周围几个人默默听了她讲的遭遇，然后目送她离开。我们都为她的不断错过，感到十分惋惜。

后来从别人那里，我又听到了一些关于她的消息。

当年，阳阳哭着去学校报了名，并花了很长时间使自己平静下来，准确地说，是前所未有的平静。

因为她的高考成绩是全校第一，一进师专学校，她就备受青睐。这也让她找到了宣泄的方式，她不断向别人倾诉自己的沮丧和愤慨。只要有机会，不管是面对老师还是学生，不管是在餐厅还是酒吧，她都会向别人大吐苦水。

慢慢地，她的身影也很少出现在教室，而是频频现身在各种饭局、酒吧，大家对她的评价也变成“我见过酒量最好的女生就是她了！”“她，一个人可以喝掉六瓶‘小二’，打通关，更是能打趴所有的男生。”可以说，她基本上已经放弃了学业。

用阳阳自己的话说：“一看见课本，我就会想到，这本不是我应该待的地方。”当然了，也有人劝过她，劝她考研，可她却说：“一个大专生，工作两年后才可以考研。”

“要不是……我现在就……”总而言之，对于自己的学业，阳阳在拿到录取通知书那天就已经放弃了。

像阳阳这样的人，社会上还有很多，可以说，在某种程度上，这种人是失败的。他们有一个共同点：不愿从自身出发找问题，也不愿承担责任，喜欢偷换概念、转移重点，纠结在一些问题中无法自拔，不愿真正去解决已经发生的问题。实际上，任何时候，改变我们命运的不是别人，而是我们自己。

没有人的一生会一直顺风顺水。在成功的过程中，每个人都会遇到挫折，遭遇碰壁。面对自己的伤疤，只有给予足够细心的照料，它才有可能痊愈，结疤组织才会产生免疫去应对伤口的疼痛。只有这样，在生活的折磨和伤痛面前，我们才有能力坚持下去，并变得更加坚强。

想要克服困难，会有很多方式可以给你提供帮助，但最主要的还是一个人自身的能力。每个人都有自我宣泄的途径和表达自我的方式。在成长的道路上，每个人都会出现失误，那也是难免的事情。所以，一味地悲伤是最不值得的做法，把大把的时间浪费在悲伤、痛悔上面，也是很愚蠢的。还不如用宽恕、遗忘去放过自己，宽恕别人。所以，要对自己好点，对过去所有的不美好说再见，朝着美好的未来，努力前进。

所有的成功和失败，都有其因果渊源。但也如作家杨昌溢评论在音乐节上唱歌走调的张曼玉时所说的："所谓成功的人或被人爱慕追随的人，除了其天资，更令他们能鹤立鸡群的，是他们相信自己会到达他们想要的位置，这种自信以及不认输的决心足以淹没那些唾沫。"

坚强的人从来不会因为难过而哭泣，因为眼泪会导致你看不清这个世界。一旦世界变得模糊，其他更重要的东西就有可能被错过。只有经历过黑暗，才能清楚光明的珍贵；只有经历过痛苦，才能理解快乐的重要；只有真正流过眼泪，才会时刻让自己保持一份明朗的心情。只要你肯付出努力，愿意相信自己，就能激发出巨大的创造力。

生活中有着各种不顺心，可正是因为这些不顺心，我们才能更清楚地看清生活的真面目，让我们变得更强大。人生最大的勇气是在经历欺骗和伤害之后，仍然能够坚守本心，保持信任和爱的能力。

人生会遇到很多困难，有时你历经千辛万苦，终于度过了这个关卡，却发现前方还有更多的难关在等着你；有时你发现通过自己的不懈努力，终于实现了目标，却发现还要经过更多的挑战才能达到下一个目标。生活就是这么让人无奈，阳光过后仍可能会有下一次的黑暗；挺过寒冬，下一个寒冬也许又会在不远处等着你。

很多时候，我也想大哭一场，感觉自己也许坚持不下去，可一想到自己尚未完成的工作和没有实现的目标，就知道自己还不到哭的时候。当前自己并没有资格去哭，只有活着并努力坚持，才会有胜利的希望。于是，努力嘴角上扬，给自己一个鼓励的微笑，继续去开创自己的人生。成熟的人从来不会绝望，即使面对漆黑的夜，也从来不会惧怕，因为他的心中有一盏明灯。

化作尘埃前，烟花的温暖，你永远不会知道，也体会不到。就像人们只看到你脸上的风轻云淡，却不知你紧紧咬着的牙；你走路带风，却没人看见你膝盖上的淤青；你面带微笑，却无人清楚你背后的逞强；你生意红火，却无人知晓你背后的泪水。没有什么是改变不了的未来，只要你肯努力改变你的现状。

王小波曾说过一句话：“我活在世上，无非想要明白些道理，遇见些有趣的事。倘能如我所愿，我的一生就算成功。”

生活从来就不是一件轻松的事儿，甚至充满苦难，不要去哀伤，不要去哭泣，要做的事情只有一件，那就是，永远向着光明，去奔跑，去努力。

不要只是看起来努力，结果不会骗人

一个人如果没有目标，他的人生则很难有大的建树。但计划一定不能盲目，计划一定要有方向，如果努力的方向出现了错误，那结果轻则事倍功半或者徒劳无功，重则极为悲惨。

下面一段对话引自刘易斯·卡罗尔的著作《爱丽丝漫游奇境记》：

“你能告诉我到底该如何选择吗？我该选哪条路？”

“这要看你自己了，看你想去哪里。”猫说。

“去哪儿都行，都无所谓了！”爱丽丝说。

“这也就是说，选择哪条路都行，没有区别了！”猫说。

这段简短的对话，看似平淡无奇，却意味深长。没有明确的目标，不知所措，那谁都帮不了你！

有些人时常抱怨命运的不公，认为自己整日辛勤劳作，流血流汗却得不到想要的成功，然而另一些人却能轻易获得成功，命运极度不公平。

这样的抱怨，我相信很多人都有过，当你认为命运不公时，你可否问过自己："真的是这个世界对自己不公？还是自己根本没有明确的方向，整日盲目奔波？"

有些人看似整日忙碌，却一事无成，这是因为他们总是在一些无关紧要的事情上花费大量的时间和精力，做了大量的无用功，却不清楚自己为什么要努力，努力的方向和目标是什么。看见别人的成功，他们总是羡慕不已，却根本不去自我发掘，思考自己到底哪里出了问题。

下面我们以家喻户晓的《西游记》为例，来说说正确的人生目标对人生的重要性。

师徒四人结伴前往西天取经，这就是一个团队。在这个团队里，分工明确。孙悟空，一路上降妖除魔、冲锋陷阵，武艺高强；猪八戒，看似好吃懒做，但在关键时刻总能帮助整个团队化险为夷；沙僧，忠厚朴实，一路任劳任怨地付出；唐僧，一路上指挥、骑马，丝毫不用出力，全部都有徒儿们保护伺候，最为舒服。

这个团队里谁是最重要的成员呢？

想必很多人都会说是孙悟空。

然而，这个团队中最重要的成员应该是唐僧。

这让很多人感到不解，为何会是唐僧呢？

仔细想想不难理解，唐僧的确是这个团队中最重要的一员，因为在这四人中，只有他有明确的前进目标。尽管他手无缚鸡之力，但他能力排众难，坚定前进，他十分清楚，他要去西天取经，取回真经普度众生。他知道自己要做什么，为什么这样做，所以他才能坚持下去。

至于几个徒弟，他们只知道作为徒弟，要跟着师傅、保护师傅，完全不知道他们为何一定要西去。因此，唐僧就是这个团队的领路人，更是这个团队的灵魂，如果缺少了唐僧，这个团队就缺少了灵魂，很快就会散伙，更不用说去西天取经了。

由此可见，一个明确的方向对一个团队和一个人而言是多么重要。

想要获得成功，就必须要有努力的方向，更需要选对努力的方向。只有这样，才能拥有前进的动力和成功的希望。一旦没有努力的方向或选错了努力的方向，不管你付出多大的努力，也会是徒劳，再大的本领也没有用武之地。

为了寻找更广阔的生存空间，大象、猎豹和骆驼决定一起进入沙漠。在进入沙漠之前，它们得到了善良天使的提醒，只要在沙漠里一直向北走，就能寻找到食物和水，得到补给。

可没过多久，广阔且复杂的沙漠地形就让它们迷失了方向，根本分不清哪个方向是北。

这时，大象觉得自己这般强壮，只要朝着一个方向一直走下去，就能寻找到食物和水，即使没有方向也没什么大不了的。就这样，它朝着自己认为的北方走了三天。结果却回到了它出发时的地方，它不由得愣住了。没过多久，因为体力不支，大象倒下了。

猎豹心想，凭着我这样快的速度，就算再大的沙漠，我早晚有一天也能出去。于是，它也奔向自己所认为的北方。然而，几天过后，它绝望地发现，越往前走，植被越少，到最后，连一棵植被都没有了。没过多久，因为绝望，它也倒下了。

相比之下，骆驼最为聪明。在白天，它基本保持不动，节省体力；到了晚上，它看着天空中最耀眼的北斗星前进。就这样，在北斗星的指引下，它很快就抵达绿洲。在那里，水源充足，草木茂盛。骆驼开始了一段无忧无虑的幸福生活。

与骆驼相比，大象更为强壮，豹子更为快捷，但最终成功的却只有骆驼。这不免让人深思。骆驼为什么能赢？是因为它找对了前进的方向。

可见，选择一个正确的方向真的十分重要。

一些人明明知道自己选错了努力方向，可目光短浅，舍弃不掉当前的利益，不愿调整，仍要坚持下去，最终一生碌碌无为。然而成功的人却拥有一个共性——明确目标后再行动。他们会准确把握自己前进的方向，而不是一味地蛮干。

在人生道路中，许多人都在匆忙赶路，却忽略了思考前进的方向，最终导致走了许多冤枉路。因此，想要获得更加有效的成功，就需要先明确自己的人生目标和前进方向，再坚持不懈地努力。

再艰难，也要有远大的人生志向

人生，如同是在黑夜中行驶船只，想要看清前进的道路，不被卷入无情的旋涡，就需要灯塔的指引，然而行程中最亮的灯塔则是志向。

曾经有人就“你在干什么？”这个问题，问了三个正在砌砖的工人。第一个人回答道：“砌砖！”第二个人答：“赚钱！”只有第三个人回答有所不同，他说：“我正在建造一所这个世界上最富有特色的房子。”后来，前两个人都没有太大的成就，第三个人成为著名的建筑师。

尽管这个故事很短，却不免让人深思。为何只有第三个人成就最大，成了著名的建筑师呢？对于这个故事，高尔基的一句名言可能是最合适的解释——“一个人追求的目标越高，他的才力就会发展得越快，对社会也会越有益。”

第一个工人没有理想和志向，只会机械地干活；第二个工人有着庸俗的人生目标，工作即挣钱；第三个工人胸怀大志，拥有远大的抱负。前面两个人，他们的思想束缚了他们的才力，让他们自己难以得到发展，自然而然不会有太大的建树。

一个人的人心所向称作“志”，《诗大序》则称：“在心为志”。作为人生所追求的目标，“志”具有非常重要的地位。立志，可以让一个人真正地站起来，从而开创一个属于自己的全新未来。每个人的人生不仅需要有明确的目的，更需要有清楚的方向作为指引。立志，就是确定一个人的目标和方向，使个人的智慧、情感和意志都朝着它们努力的方向前进，全力以赴走向成功。

“知止而后能定，定而后能静，静而后能安，安而后能虑，虑而后能得。”这句话出自《大学》，而里面的“止”，说的就是生活的目的，人生至善至美的境界是一种崇高的东西，它不仅支撑着一个人的价值，更体现着一个人的尊严。

想要获得成功，就必须先给自己设定一个远大的志向，并以此为前进的目标，不断努力向前。只有这样，你才能获得重生，从那浑浑噩噩的生活中摆脱出来。

人生之路好比是攀登高峰，一路上不仅充满各种困难险阻，更充满奇花异草般的各色诱惑，但你要确定高峰的最高点才是你的最终目标，在它的指引下勇往直前，这样才不会停下自己前进的脚步。这就像是在荆棘丛生的野外跋涉，人生的每一步都充满艰辛。明知前面的道路坎坷，遍地荆棘，那些胸怀大志的人仍会心存希望，一往无前，而那些目光短浅的人则会惧怕眼前的困难而退缩。从古至今，之所以有些人能收获成功，是因为他们都有远大的志向。

对于理想，万世师表的孔子认为“三军可夺帅也，匹夫不可夺志也”。他“十五而有志于学”，之后，他四处游说，却惨遭碰壁，尽管这样，他依旧没有放弃自己的信念。试想一下，如果孔子没有立志学习道德学问，树立远大志向，那些影响后世的儒家经典就不可能出现了，更不用说惠及后人千万年了！

当今社会，大多数人都有自己的志向，但他们立的大多都是小志，因为对自己没有足够的信心，所以不敢立下大志向。事实上，要立志，我们就要立大志。“志当存高远、有志者事竟成”，我们只要坚定自己的目标，不断为此努力，目标总有一天会实现。

有一种力量，叫不忘初心

有人曾问我，当我们逐渐老去，无法在这喧闹的城市中平静地生活，再也不能依靠追梦去吃饭，那时我们该何去何从？

是啊，我们该何去何从呢？

对于这个问题，许多人曾拼了命地询问，然后逼迫自己放弃以前所坚持的一切。

这让我哑然失笑。不去追梦的你，还能成为你想成为的自己吗？这个世界上根本没有什么迫不得已，只有愿意和不愿意，你总不能连自己都给放弃了吧！

前段时间，在微博上兴起了一个话题“一个女孩子为什么要那么拼”，话题下的评论更是数不胜数，每个人的回答都很励志，又让人感慨万千。在众多评论中，有一句话最让我感触万千：生活不会因为你是女生，就对你怜香惜玉。

的确，世界是公平的，不管男女老少，贫穷富贵，它都平等对待，一视同仁。不要指望谁会去可怜谁，每个人都应该为自己去奋斗。

后来，我特意在朋友圈转发了这个话题，收到了一条特殊的评论：不忘初心，方得始终。从小，我就想开一家糖果铺子，这甚至成为我的梦想，只为每天醒来都有糖果吃。时至今日，唯一能让我感觉踏实的，就是我通过自己的努力而得到的东西。

这位评论者是一位女孩子，她居住在大兴安岭，从事室内设计行业。在精神境界方面，她可谓大俗大雅。我们之所以能成为朋友，要源于我请她来设计我的新房。她的设计风格清新又不失“热情”，非常有格调。可以说，这个姑娘文武双全，能画出文艺的画稿，也能提起刺鼻的油漆桶，同时还懂得享受生活，当然了，她所花费的每一分钱，都是她凭借自己的双手挣来的。

这姑娘的命其实很苦，在她很小的时候，父母就离异了，她跟着外婆长大，生活艰难。上学以后，她便想方设法自己挣钱。她不喜欢依赖别人，更不会选择依靠相貌去换取物质丰富的生活，她坚持笃定的努力。现如今，她凭借自己的双手，开了三家属于自己的糖果铺子。

梦分两种，可以成功的叫作梦想，不能或没法成功的叫白日梦。人生在于努力，而坚持则是原则和生活的调味剂。

在懵懂的青春时代，肖洋跟大多数同学不一样，她所追求的是原则和生活的态度，而不是梦。

肖洋的专业是新闻系，她由衷地热爱自己的专业，她嘴边总是挂着“爱生活、爱文字”这类话。

苏州有一著名的风景区名叫金鸡湖，在湖的旁边有一个月光码头，风格清新。我依旧记得，在风起云涌的天气里，肖洋总会去码头那吹吹风，用照片记录下那里美丽的风光，然后坐在长椅上用笔记本记下自己当时的感想，写完后，她会在自己的博客中发表并配上几张照片，很有超然脱俗之感。

可我却十分清楚，肖洋其实还有点傻，她是一个典型的“傻白甜”，谁说的话都会信。肖洋说：“那些看起来善良的人，他们所说的话才值得我相信。”我反驳她：“只要带上美瞳，任何人都可以拥有闪亮的双眸。”大学生活刚开始的时候，总有一些不法分子会深入到宿舍楼中进行诈骗，当时要不是肖洋的室友拼命阻止，她的学费可能会被“贡献”出去。

我以为肖洋经过那件事后会长些记性，轻易相信别人的习惯会改一改，但她依旧我行我素。这时，她身边的朋友们已经明白，劝说已经起不到太大的作用，只能尽量保护她，不让她那美好纯洁的心灵受到那些负面能量的污染。

可谁又能保护、帮助她一辈子呢？这个世界的人心有至善的，也就有叵测的。然而肖洋却是我见过最执着坚持善良的人，也是唯一一个，这让我不免为她担心，担心她迟早要为自己的善良买单。

然而事实却出乎我的意料，甚至是截然相反。大一下学期，肖洋发现了一条误入校园的流浪狗。见到它时，它已经奄奄一息了，很明显，它在不久前遭到了毒打。它伸着舌头，喘着粗气，一身皮毛黝黑且凌乱，一看就是很长时间没有梳理过了。路过的男生都朝着它所在的方向瞥了一眼，然后匆忙离开。只有瘦小的肖洋独自跑了过去，一把抱起了它，飞奔去了宠物医院。在狗狗治疗上面，她花费了差不多半个月的生活费。接着，她收养了这条狗。后来，她宿舍里面出现了一位“小骑士”。

这让我觉得肖洋身上散发着一种善良的光芒，慢慢地，我逐渐明白善良的重要性。经常有人说“社会是乌合之众的聚集地”，却不知这些人为什么活得那么累，他们看似十分聪明，懂得保护自己，不让自己受到伤害，并不断为自己谋得私利，却整天愁眉苦脸，一副厌倦世间的态度。相反，肖洋纯真善良，脸上时常挂着灿烂的笑容。

肖洋本初的纯真善良是我亲身感受过的。我羡慕并嫉妒不已，我多希望可以跟她一样，不断散发出正能量。

曾经在家写书的日子最为苦闷，我最大的乐趣就是看书评，仔细斟酌每句话，这让我觉得回味无穷。也难怪有人说：透过文字，你看作者时，作者也在看着你。

十分荣幸，我这样一个毫无知名度的作者，竟然会有一小群粉丝。

然而，不管我怎样努力，似乎都无法正确解决问题，我如同一只无头苍蝇，在文字的世界里四处碰壁，既糟糕又疲惫。这让我开始困惑和质疑，就连我自己也总是问自己：我选择的道路是否真的适合我，我能否把我的写作之路坚持下去？我仿佛立于山峰之巅，放声呼喊，回应我的却只有呼啸的山风和我的回声。刹那间，我似乎听见我内心真正的声音：不忘初心，方得始终。然而，这种不食人间烟火的方式放在这个喧嚣的城市中似乎没有存在的可能，两者之间存在太多的鸿沟，似乎稍不留神，便会掉入悬崖，成为人生消遣后的残渣。有一段时间，我的父母都在劝我，劝我放弃眼前的文字工作。

然而，我始终没有忘记当初那个怀抱青春梦想、不忘初心的自己。当时稚嫩的自己所说出的豪言壮志和表现出来的义无反顾，至今仍历历在目，这一切仿佛发生在昨天。

有一次刚好主编缺少人手，我便紧抓这个机会，时常前去帮忙，做一些零碎的事情。那时的我独自一人，过着两点一线的生活，每天早上五点起床，晚上熬到十二点多才睡觉，枯燥且无味，因为太劳累了，我时常会偷偷痛哭一场。

后来为了写稿，我特意租了一间地下室，只是因为地下室安静且无人打扰。地下室的环境十分简陋，仅有一张床、一张桌子和一盏灯，除此之外，不是书就是稿纸。一到梅雨季节，地下室充斥着潮气，时间久了稿纸便会发霉，被褥也会变得湿漉漉的。

每当夜深人静的时候，想着那微薄的收入，我不由得放声痛哭，哭完之后，擦干泪水，继续创作。

正是少年时这种看似不切实际的情怀，造就了我现在想要一直坚持下去的决心。初心尚在，又怎能轻易放弃呢？这种舍不得抛弃的情怀可以转化成一股强大的力量，一股可以克服所有困难的巨大力量。我甚至有种感觉，感觉我的身体就像根竹笋，尽管被无情地劈开无数次，但总能重获新生，生根发芽，并顽强地生长，成长为翠绿的竹子，让微风将竹叶的清香送到更远的地方。

慢慢地，在学习和努力这把拙刀的雕刻下，玉石外的糙石一层层地脱落，玉石已经迫不及待地想展示自己的光泽。与此同时，我整个人如同打了鸡血一般，兴奋了起来，精神也逐渐饱满。

有时候，人们仅仅依靠努力是不够的，还需要有正确的态度和锲而不舍的精神。当身上的棱角被各种磨难磨平之后，我们仍需适时调整好自己的心态，更加努力坚持，朝着自己所追求的道路勇往直前。

不经过一番磨炼，哪会有削铁如泥的宝剑？只有自己经历了一番磨难，成功才会降临到我们身上。

真正的强者，都有对抗苦难的耐性

珍珠，光彩夺目，一直被认为是诸神送给大地的礼物。然而这光鲜的背后，却有一个痛苦的过程。为了形成光彩动人的珍珠，蚌用自己的血肉一点点打磨进入它身体内部的砂石，直到坚硬粗粝的砂石被打磨成一颗璀璨的珍珠。

这也告诉我们，美好并不是一蹴而就、浑然天成的，但凡想成就自我，必定会先经历一段漫长、幽暗、孤独且寂寞的时光。想要出人头地，就必须忍受得住成功前的渺小和平凡，只有经受住了人生的考验，才能将自己这颗平凡的砂石磨砺成一颗璀璨的珍珠，走上人生巅峰。

台湾著名作家刘墉曾说过一句话，大意是：在走向辉煌之前，每一个年轻人都会经过一段时间的历练，那段日子如同“潜水艇”一般，先要隐形沉淀下来，经受风浪和寂寞的考验，并在这段起伏的日子中，准确确定目标，积蓄力量，只有这样，才能在日后无所畏惧地“冲出水面”，获得成功。

人生，本来就是一场修行，当你饱经挫折，历经磨难，你就会发现你所经历的一切不过是生活对你的考验，是人生赠送给你的特殊经历。在天赋与机遇上，成功者与失败者并没有太大的差距。成功者之所以能获得成功，是因为在面对苦难时，比平常人多了一点忍耐和从容。他们深知，再大的苦难，也不过是黎明到来之前的序曲，黑暗终将离去。

很久以前，有两个人为了酿出绝世美酒，向酒神祈求酿酒的诀窍，功夫不负有心人，他们最终祈求来了诀窍。第一步，精挑细选出一批谷粒，必须是颗粒饱满且五月初五端午节结出来的谷粒。第二步，将谷粒与雪山之初融的清冽泉水混合，一同注入价值千金的紫砂陶瓷中，等待初夏池塘中的小荷才露尖角时，随着第一缕阳光的普照，封闭陶瓷九九八十一天。第三步，在这八十一天内，每天早中晚都用人体最适宜的温度加温陶瓷罐，怀抱瓷罐，让罐子中的酒可以充分地发酵。最后，在第八十二天清晨，鸡鸣三遍后开启罐子，这世界上最美味的酒便酿造成功了。

历经千辛万苦，克服重重困难，这两个人才准备好酿造佳酿所需要的材料。按照酒神所吩咐的步骤，他们充分调和酿酒的材料，并密封于陶罐之中，然后每天早中晚三次去怀抱陶瓷罐子，焦急且兴奋地等待着佳酿的诞生。

第八十一天终于到来了，这两个人可谓是彻夜难眠，他们焦急地等待着鸡鸣声，准备去完成他们最后一次的“加温”。密封罐子的时候是初夏，经过九九八十一天，现在已经是深秋时节了，也就是说，这罐佳酿已经经历了仲夏和初秋的熏陶。翌日一早，这两个人照旧将上衣脱下，紧紧抱住各自的酒罐。深秋的清晨十分清冷，就连罐子上都结了一层白白的霜，将这样的罐子搂入怀中，还脱掉了上衣，这把两个人冻得直打寒战。尽管这样，为了能品尝到佳酿，这样的苦难他们都坚持忍了下来。

第一声鸡鸣声远远地传来，天边也有了一丝光明。光着上身的两个人早已不停地打着喷嚏。又过了很久，第二遍鸡鸣声才隐约地传来，可到底什么时候才能听到第三遍鸡鸣声呢？这种迫切的心情开始在这俩人心中燃烧。突然，其中一个人一把将陶瓷罐的盖子掀开，他再也不愿忍受这种折磨了，他直接捧起陶瓷罐，大口品尝了起来。

让人没想到的是，提前开的陶瓷罐里面是一汪苦涩又发酸的浑水，根本不是绝世佳酿。这个人万分懊悔，失望至极，他一把摔碎了罐子，洒了一地酸臭的浑水。经过这么长时间的等待和折磨，结果却是这样，他觉得全世界都在看他的洋相。然而，另一个人没有受到打开罐子那个人的影响，尽管他心中也焦急万分，当然也有打开罐子的冲动，但他忍住了，他一定要完成酒神所交代的所有步骤，坚持到最后。终于，第三遍鸡鸣声来了，他缓缓放下陶瓷罐，打开罐子，扑面而来一阵酒香，这佳酿是如此清澈甘甜，回味无穷。

苦痛，只不过是黎明前的黑暗。尽管那时充满了怀疑、绝望和不甘，但是只要你坚持下去，不放弃胜利的信念，总有一天，会在峰回路转后见到光明，那就是苦难给你的回报，最好的回报。

勇敢去追寻，那些逝去的东西终将回来

我们会在不知不觉中，突然意识到自己长大了。也许在很长一段时间里，我们都处于迷茫之中，不知道自己该何去何从。突然在某一天，我们内心发出“叮”的一声，一下子把我们拉扯到成人的世界，从此之后，青春便成了我们永远的过去。

我从小学习成绩优秀，高中时考上了重点中学，这让身边的亲戚、邻居羡慕不已，纷纷夸赞道：“我们这个村里要出人才呀！”至今我还清楚地记得母亲当时看我的那种眼神，带着一种由内到外的自豪。

本以为，我的人生会按照这样的轨迹，一步步走向成功。结果高考前的体检却给了我当头一棒，满怀激情和梦想的我竟被查出患了肝炎，这让我被迫暂时放弃高考。拿到体检报告单的那一刻，我浑身都在发抖，整个人都慌了，不禁泪流满面。

一年后，我康复了。在我的恳求下，父亲同意我去复读，也好不容易向亲友借够了复读的钱。可周围的人却说起了风言风语：“她遇到这样的事，肯定是祖坟的风水不好……”

面对各种压力，我拼命地学习。可命运又给我开了一个天大的玩笑，在第二年的高考中，我又以两分之差落榜了！

就像冬日原野上的火花，希望瞬间被烧得无影无踪。身边的同学一个个迈进大学的校园，我却在角落哭泣。渐渐地，我更加沦落为别人茶余饭后谈论的对象。

那段日子苦不堪言，根本没有人懂得我是怎么熬过来的。每天，我扛起锄头跟着父亲去干农活，大气都不敢出，一声不吭地跟在父亲背后。仅仅过了一星期，火辣的太阳就把我晒得又黑又黄，再加上每天还要饱受街坊邻居们的嘲笑，我整个人瞬间衰颓了许多。

因为我的落榜，家中也整日死气沉沉，压抑到让人喘不过气来。在那段日子里，我白天疯狂地劳动，晚上一个人偷偷藏在角落里哭泣。

我想重新开始，我想改变现状。可我始终没有勇气再次说出复读的想法。一方面，我害怕失败，害怕自己会再次落榜；另一方面，当时家庭的经济状况不容乐观，根本承受不起我再次复读的费用。

直到有一天，父亲在地里休息，一边抽烟，一边叹息。这时我才知道，两个月前父亲嫁接的树苗现在竟全部枯死了。我径直走到一棵树苗前，观察了一会，拔起一棵苗对父亲说道：“包裹根部的塑料膜都不撕，就这样放进地里，根部的新芽只能被活活憋死。有这么多虫子还不打农药，树芽全被虫子给蛀死了！”父亲很是惊讶，先是看看我，然后盯着那死去的树苗，陷入了沉默，过了很长时间才从牙缝里蹦出一句话：“孩子，说实话，你是不是还想上学？”

我一咬牙，说：“是！”

父亲望着天空，深吸一口烟，然后直接说：“行，明天你就去报名吧！”

没过几天，父亲就把家里养的猪给卖了，拿着钱给我交了学费，用剩下的钱买了新的树苗。

这一次，父亲带着我一起去栽种树苗，每做一个动作，他都小心翼翼地，生怕做错了，一有问题便赶紧问我。在那一瞬间，我突然觉得父亲像一个小孩。

上学的那天，父亲亲自送我。一路上，他一句话都没说，只是默默地提着行李。在临上车前，父亲认真地说道：“孩子，你要珍惜，这是你最后一次机会了！”

那一年，我如同打了鸡血一般，一心投入到学习之中。我的心里只有一个想法——我要一个结果，证明我可以上大学。皇天不负有心人，最终我拿到了大学的录取通知书。

三年，整整三年时间，我顶住了巨大的压力，终于可以迈进大学的校园。我依旧记得拿到录取通知书的那一刻，母亲痛哭流涕，父亲饱含热泪。

如今的我早已工作，做着自己喜欢的事情。再次回忆那段复读的时光，尽管当时的我是那么悲伤和孤单，但我仍要感谢那时坚持的我。

作家刘同曾说过一句话："愿你比别人更不怕独处，愿未来你会被自己感动。"

人生总会面临一些考验，在一些孤独的岁月里只能自己一个人走。这种情况下，只有让自己坚韧起来，坚持下去，才能获得新生。在孤独中学会忍耐，坚守自己的理想，不断强健自己的体魄，让自己的羽翼不断丰满，这样才能走向成功。

艰难成长的日子最让人印象深刻。我坚信，只有坚持勇敢地去追寻，那些逝去的东西终将回来。

Chapter 3

×

有梦想，人生才能无所畏惧

一切坎坷都不过是成功路上的垫脚石

人生不如意者十之八九，在人的一生中，必定会经过无数坎坷，经历无数的挫折与失败，体验无数的艰辛和劳苦。可以说，痛苦是人生中必须要面对的经历。只有那些挺直脊梁走过艰难困苦日子的人，才会体验到柳暗花明又一村的惊喜；遇到困难要有勇气站起来重新开始，这也是人生在帮你积累经验教训。总之，不管面对的情况有多糟糕，都不要惊恐沮丧。

人生漫漫，苦难和挫折算不了什么，经过打磨，钻石才会更加熠熠生辉，只要坚定信念，坚守理想，人生就会变得更加丰富多彩。

一家知名广告公司的文案部招聘员工，有一名高高瘦瘦的小伙子成功入选。部门经理查看他的履历时，发现他在大学毕业后的一年内调换了五份工作，还有他在这期间无业的时间长达三个月。经理向来严格要求员工，这位小伙子本不适合来公司工作，但因为他是朋友的一位亲戚，朋友特意介绍过来，碍于面子，经理打算先暂时录用他，磨炼一番，并指派一位老员工，做他的直属上司。

本以为这位小伙子至少可以坚持工作三个月以上，结果让人想不到的是，还没到一周，经理就听到了他的抱怨，并收到了他的辞职信。

这让经理很是不解，于是询问缘由。这位小伙子直接抱怨说，现在的工作根本不涉及文案，天天不是做报表，就是做幻灯片，稍微出现一点差错或晚交一天报表，他的上司就会当着同事的面毫不留情地批评他，让他下不来台，颜面扫地。“这真没法干了，到哪里找不到一份工作，我为何非要在这里受气呢？”小伙子向经理抱怨，抱怨上司的变态和同事的苛刻，吐槽工作环境恶劣，他满腔怒火，认为在这里无法将自己的才华施展出来。

经理直接批准了他的辞职，让他去财务领这一周的薪水，打发他走人。这样的员工，留在公司根本没用，还白白浪费资源。公司花心思去培养他，他竟然不知好歹，还有这么多的抱怨。经理让他直接走人是最好的处理方式，毕竟经理要为整个公司负责，不能让这样一个人破坏了大家工作的心情。

像这样的年轻人，当今社会并非少数。他们常年待在学校的象牙塔里，已经习惯了舒适安逸和我行我素的生活。一旦进入社会，社会竞争的残酷和压力给了他当头一棒，让他产生了抵触情绪，心生怨愤，无所适从。

二十多岁，是人一生中最美好但仍稚嫩的年华，而这个年纪的年轻人总会有一种错误的思想：美好的生活都在别处。对于眼前的现实生活，他们总是不满和抱怨。只要不合自己的心意，他们就会轻易地选择放弃。不管它是一份工作，还是一段爱情，甚至是一位朋友。他们认为，在其他地方，一定有“别处的美好”在等待着自己。只可惜，传说中的“别处的美好”并不存在。你只看见那些美丽的风景，却没发现美丽背后的荆棘和艰难。年轻人总是想要变得成熟，殊不知做好当下事，不断磨炼自己，就是给自己制造完美的机会。

如何让自己成长？归结于一个字，那就是“熬”。冯仑曾说过这样一句话——伟大都是熬出来的。熬，并不是说要消极怠工，而是说要你自己一个人挺过那些难以承受的困难和委屈，没有别人的帮助和鼓励，你只能依靠自己。学会正面面对苦难，学会宽容别人，学会微笑。

生活经常给我们带来苦涩，但很难让人绝望。在人的一生中，所经过的一切艰难和苦难，一般都在可承受范围之内。

对于那些初入社会的年轻人，我想说：认真工作吧！在一切虚幻感觉中，工作才是最贴近现实的选择。工作，可以让一个人迅速成长，可以让一个人懂得如何为人处世，还可以让一个人学会如何处理一切难题，包括情感问题。

当所有人都在努力工作，只有你穿着拖鞋短裤来上班，因为熬夜看球，你刚上班就趴在桌子上睡觉，你说你不失业谁失业？你羡慕别人有车有房，你抱怨社会的不公，你哀叹自己一贫如洗，可你是否问过，别人努力时，自己在干什么？自己到底真正努力过吗？

二十多岁的贫穷，本是一件很正常且理直气壮的事情，因为几乎每个人都是从这个阶段走过来的。但二十多岁时的懒散和傲慢却不可取，甚至不可原谅。不要学不会游泳，就抱怨游泳池不好。不要不会做事，就说工作有问题。一味任性的人只会变得更加脆弱，甚至不堪一击。

正是因为月有阴晴圆缺，才造就了充满无限风情的四季。人只有尝过痛苦的滋味，才会明白幸福的美好和可贵。

之所以会有坎坷艰难的存在，就是为了激发向上的力量，让意志更加坚定。年轻的时候，脚踏实地地努力，永不言弃，不要害怕失败，不要害怕挫折，失败了大不了从头再来。总有一天你会明白，你经历的坎坷，都会成为你未来道路上的垫脚石。

何必着急，你只不过是大器晚成

当今这个时代，生活节奏非常快，好像每个人都在整日忙碌。他们急于求成，迫不及待地希望通过各种方式向他人展示自己的才华。同样，在对待孩子方面，他们也是如此，许多父母希望孩子早日成功，各种早教班、速成班、提升班充斥着大街小巷，他们甚至希望，孩子从娘胎里出来就直接戴着博士帽。

可到底什么是成功呢？失败的人生又是什么呢？在我看来，成功就是一个人做着自己喜欢的事情，并且每天无怨无悔地去努力，去追寻梦想。而现在很多年轻人总是沉不住气，认为时光飞速流逝，而自己没有好的根基和资源，人生的事业也好，爱情也罢，都很难有太大的建树。

可是，如果一个人没有自信，也沉不住气，还谈什么追逐梦想。而“拔苗助长”注定是一场悲剧。轻而易举并过快地走向成功的人生巅峰，不是陷入“欲速则不达”的尴尬，就是会过早品尝辛酸与失落。

“年纪轻轻地就怕失败？失败了，大不了再爬起来重来。现在很多人觉得不到三十岁就能当上总裁是一件很了不起的事情。他们的观念真的很奇怪，每当我看到别人的名片，发现他们年纪轻轻就当上了总裁，我不免替他担心，担心他下半辈子该如何生活？当然了，他可以撑，但是他可以撑多久？很辛苦的。如果五十岁当上总裁，那他最多要撑个十几年，这还算可以。可一个人二十多岁就当上总裁的话，那他可是要撑三四十年的，这个过程充满了艰辛，我真的不确定他能撑过去。因此，我觉得与其早成功，不如晚成功。”

这段话颇有深意的话出自曾仕强之口，引人深思。其实，人生不管走到哪里都是一道亮丽的风景线，人生更是一段精彩的旅途，可我们为何一定要执着于年少时就功成名就呢？在青年时代，你就急着跟别人攀比较劲，急着超越所有人到达目的地？你内心浮躁，你知不知道到底缺少了什么？

李安，世界著名华人导演，他所拍摄的影片具有独特的文化气息和魅力，让人在不知不觉中动情。他的成功让人羡慕不已，殊不知他成功的背后充满了艰辛。早年，他历经坎坷和磨难，经过时间的沉淀，他最终得到了他应该得到的东西。

李安将他十年的追梦经历写到了《十年一觉电影梦》这本书里，这也让我明白了一个道理——在年轻时，一个人需要不断磨炼自己，坚忍等待下去，永不放弃自己的梦想，这样才可能在以后的某一天变成一位大师。

为了追寻梦想，李安曾不惜违背父亲的意愿，执意选报美国伊利诺伊州立大学的戏剧导演专业。要知道，在当时的美国电影界，没有背景的支持，就意味着很难出人头地，再加上他是一位华人导演，他想闯出一番天地，简直如同痴人说梦。

从 1983 年开始，李安陷入一段痛苦且绝望的等待期，而且一等待就是六年。在此期间，他曾在两周内去了三十多家电影公司，只为了向他们推荐自己的一个剧本，可惜没有一家公司看中他的剧本。面对无望的未来，当时已经年近三十的李安并没放弃自己的梦想。

李安曾一度惨遭失业，没有经济来源，只能每天在家看电影、写剧本、读书，顺便包揽所有的家务。李安的岳父母实在看不下去了，他们决定资助李安去开个中餐馆，以便他能养家糊口。李安的妻子十分善解人意，她理解李安的梦想，直接婉拒了老人的钱。李安知道这件事后，愧疚不已，觉得他应该看清现实，而不是去追寻可能遥不可及的电影梦。

到了第二天，他去报名学习电脑技术，希望学得一技之长，从而承担起家庭的责任，减轻妻子的压力。学习了好几天，李安始终无精打采，学会电脑的确能挣钱，但不是他所喜欢的工作。很快，妻子发现了他的郁闷，也知道他郁闷的原因，妻子郑重地跟李安说："安，不要轻易忘记你心中的梦想。"

一听到这话，李安瞬间湿润了眼睛。在那一刻他明白了，人生在世，最珍贵的是努力实现梦想，而不是庸碌苟且地生活。他拿出口袋中的电脑课程表，当即撕掉，扔进垃圾桶。

后来，基金会赞助了李安的剧本，他获得了成功，之后他导演了不少电影，斩获了很多国际奖项，他自己也成为电影界著名的导演。回首往事，妻子对李安说："我一直相信，人的长处不用多，有一项就足够了，而拍电影就是你的长处。有那么多学电脑的人，根本不差你李安一人。想要拿到奥斯卡的小金人，那你就必须要保证心中有梦。"

今天，像李安这样的人有无数，他们都在努力前进，追寻自己的梦想，很少有人能在年纪轻轻时就出人头地。面对坎坷和艰辛，默默承受压力、等待时机，永不停下前进的脚步，坚定地走向自己的目标。

他们的坚持，岁月一定不会辜负。不管梦想有多远，坚持下去，在前进的道路上一定会开满鲜花。

年轻，不要害怕一无所有。

当你不断地远离“舒适区”，离成功就不远了

经过研究，心理学家发现在一个相对舒适稳定的环境下，人们会逐渐适应并喜欢上这一环境，也可以说是更习惯于这种环境，人的行为也开始趋于稳定，由此便会产生一种心理安全状态。这就是“舒适区”。相对于挑战而言，人们更追求这种“舒适区”的生活，因为大部分喜欢一成不变，或者这种可以躲避风险、预料未来的稳定生活。

我有一位朋友，他教育孩子的方式十分特别。他从不表扬，也不责备孩子，孩子做事不妥当，他只会谨慎地阻止。今年他的孩子 7 岁，热衷于绘画，而且画得有模有样。可一旦有人表扬夸赞孩子，他就会立即打断别人的赞美，然后悄声告诉大家：“让孩子做自己喜欢的事，别夸赞他！”

包括我在内，许多人都不理解他的举动，我不禁问他：“孩子需要培养自信心，不是应该多给予夸奖和表扬吗？”

他摇着头说道：“别人的夸奖，是不可能让一个人树立自信心的。听到的夸奖越多，孩子就会感到越舒服。一旦这种情况形成了习惯，变成了

舒适区，孩子就会陷入其中，难以自拔。等他长大之后，一旦遇到挫折和失败，不仅会在情绪上产生抵触，滋生出抱怨，更会对自己产生失望。”

朋友还对我说：“当一个孩子降临，对这个世界充满了好奇，有关他的一切，他都会用自己懵懂的意识去接触、去理解。一旦这时候盲目地一味夸奖，灌输给孩子‘你最强’‘你最棒’这样的思想，会导致孩子内心产生一种错误的心态——一种虚假的自负和骄傲。通常这种孩子的内心比较脆弱，一旦在成长过程中遭遇挫折和失败，这种虚无的自负很难承受得住打击，他所习惯的舒适区会轰然倒塌，他会惊奇地发现，自己现在所处的环境是多么残酷、陌生和冰冷。对于这种情况，有些孩子无法及时地适应和调节，情绪便会出现问题。”

我问道：“在孩子追寻自我的过程中，如果不表扬，那该如何不断地肯定自己呢？”

朋友笑道：“他想干什么，就让他干什么。只要不伤害到自己，或妨碍到他人，他想尝试什么新东西都可以。周围的人如果能用正常的态度去对待他，时间一长，他就会真正了解现实的环境，了解他人，也会清楚自己的优点和不足。”一听到这里，我才幡然醒悟。他之所以坚持不夸奖、不指责孩子，就是为了孩子可以形成一个良好的习惯性思维。过多的夸奖和指责会给孩子造成一种自我认定、先入为主的习惯性思维，导致孩子心底形成一种惯性的“舒适区”，长大之后，孩子们会很难适应社会和自我改变。

的确，我们每天都在寻求一种心理安全，按照常态生活、工作，保持一种不变的生活节奏。对于舒适，我们每个人都渴求，没有人愿意碰上未知的风险。所以，一旦我们遭到出乎意料的挑衅或不可控的工作调动，情绪便会产生极大的变化，甚至会出现偏执、焦虑、烦躁、沮丧等情况。

如果我们常年处于舒适区内，就好比是温水煮青蛙，改变生活的勇气和魄力都会因此而逐渐丧失掉。停靠在港湾上，船可能是安全的，可船也因此失去了存在的意义，时间一久，船便会生锈腐朽，无法再次远航。因此，舒适区并不是指身心的和谐愉悦，而是指缺乏精神的追求和变化。用一种心理定式来形容这种惯性心态，就是——墨守成规。

为了满足心理上的安全感，有些人宁愿在身体上遭罪，也不愿有一丝的改变。一位民警曾告诉我这样一件事：一名家庭妇女多次惨遭家暴，丈夫脾气很是暴躁，时常对妻子无理取闹、殴打妻子，甚至威胁生命安全。终于有一天，妻子忍受不了，报了警，民警搜集到了足够的证据，依法刑事拘留了她的丈夫。可没想到的是，仅过了一天，妻子就去派出所要求放人，可她的丈夫涉案严重，不能进行民事调解，只能通过刑事条例进行处罚。派出所便拒绝了妻子的要求。于是，妻子以后每天就带着家属来派出所大吵大闹，甚至还辱骂民警，最终妻子受到了治安处罚。

妻子常年惨遭家暴，身体多处存有严重伤痕，她不可能不清楚自己肉体上的痛苦。可家暴已经成了一种常态，甚至已经化为她的“舒适区”，大凡发生一丁点的改变，她都会感到担心，变得惶恐不安，她宁愿回到以前，继续充当家暴者的帮凶，也不愿接受法律的援助，依法处置施暴的丈夫。所以，“舒适区”并不一定真的舒适，实际上，所谓的“舒适区”在很大程度上成了阻碍我们追求美好生活的一种桎梏。

学习游泳的人肯定都有这样一种体验：刚换好泳装，坐在泳池边，伸脚进入冰凉的池水，突如其来的冰凉让人很不愉快。一种不“舒适”的感觉突然打破了温暖肌肤的平衡，让你忍不住打了一个寒噤，恨不得立即抽回脚来，扭头就走。其实这是在面对突如其来的变化时，人类所产生的自然反应，某种外界环境令人从“舒适区”中脱离，便会立即引起身体和情感上的不适，进而产生一系列的心理失衡。这种失衡的情绪，不仅会让人感受到危险和威胁，还会带来惊恐感，但凡出现一丁点动静，巨大的惊恐感很有可能会随即而至。

其实，退一步想想看，人真的忍受不住泳池中的水温吗？我们为什么要去游泳？难道不是为了使我们的身体更加健康吗？难道就不能克服这一点点的凉吗？当我们更加理性时，我们便不会轻易退缩。重新回到游泳池旁边，做一个深呼吸，戴上鼻塞，咬牙憋气，然后一跃而下。凉凉的池水迅速覆盖全身，身体血液循环迅速加快，会产生足够的能量，让你去抵御寒冷。很快，不适感便会消退，你甚至会感觉池水变得温暖。于是，你便可以尽情地在池中畅游。

只有不断打磨自己，才能化茧成蝶

不管现实如何，志向高远的人总是会行走在追寻理想和目标的道路上，坦然面对各种情况，一时的挫折和失意对他们来说，算不了什么，更无法阻止他们前进的步伐，他们甚至会把这些生命中的不如意转化为能量，去发掘自己更深层的潜力和创造力。

李敖，台湾著名作家，他的一生充满了传奇色彩。年轻时，他依靠撰写文章为生，文笔犀利，批判色彩浓厚，叱咤文坛多年。李敖曾两次入狱，两次皆是冤狱，出狱后，他开始主持综艺节目，与此同时他还成为诺贝尔文学奖提名者。他学富五车，创作了众多文学著作，与前妻胡因梦离婚后，他再次娶妻生子，到了晚年，他隐居阳明山，开启了一段无拘无束的潇洒生活。

很多人羡慕李敖的潇洒，却不知他的人生也充满了曲折和坎坷。李敖的父亲很早就去世了，为了养活他们兄妹八个，他的母亲给人当仆佣，家庭十分贫困。与李敖相恋的女友也因承受不住家人的反对，偷偷给他留下一个私生女，然后分手，远赴美国定居。李敖不仅要赡养母亲，身为长子，还需要去照顾弟弟妹妹，更不用说还有他自己的女儿需要照料，可想而知，他身上肩负着千斤重担。在他入狱坐牢期间，每想到年迈的老母亲一个人带着众多幼小的孩子，艰难地度日，他都痛哭流涕，心如刀割。

面对这些残酷，李敖自己总结了一套独特的人生哲学："只要遇到祸事，凡夫俗子便立即会做出一些令自己都苦恼的反应，祸上加祸，导致双祸齐至。我遇到祸事，便会第一时间告诉自己：'我要笑着面对它，不能被它给打倒了！'于是，比起其他人，我便至少少了一祸。然而这还不够，我除了绝不配合祸，还要将祸本身'值回票价'，这样才能让我满意。"

这里李敖口中所说的"值回票价"，正是《史记·管仲列传》中司马迁评论管仲的话——"善因祸而为福，转败而为功"。这是成功者必须具备的能力。化祸为福，转失败为成功，把不如意转变为对自己有利的事情。对于一个人来讲，这也是一种非常重要的能力。

面对不如意的情况，如果只是失望抱怨，那人生很容易走向萎靡不振。

两个人结伴外出，在返程的路上，他们惨遭盗窃，钱包被偷，一分钱都没有了。其中一个人既生气，又不甘心，一路上全在抱怨，说要找回钱包，询问了很多人，报了警，最后钱包没找到，没钱回家，还白白浪费了大量的时间，导致心情变得极差。

而另外一个人则迅速冷静了下来，他十分清楚，想要找到钱包几乎是不可能的事情，与其抱怨，不如尽快赚取一笔回家的路费，然后顺利回家。于是，他去了一家饭店当临时工，做了一段时间的端菜和洗盘子工作后，他不仅赚足了路费，还跟饭店老板成了朋友。通过这两个人不同心态和行为的对比，我们发现，遇到逆境时，前者喜欢钻牛角尖，导致失败更加彻底；而后者及时调整心态，相信自己的创造力，转化恶劣的环境为创造新价值的动力。

所以，我们在遇到问题时，不应该留在原地唉声叹气，而是应该尽力转换环境，视逆境为前进的内在动力。

只要心中有理想，便有实现的可能。拥有远大理想的人，他所有的精力都会投入到如何取得成功上，不管情况如何恶劣，都会百折不挠，顽强拼搏。遇到挫折，不要只看到失败的表面，更要从中看到机会和潜力。

“祸兮，福之所倚；福兮，祸之所伏。”这句话出自老子的《道德经》。大意是：遭遇祸端时，一个人不要过分懊恼，要迅速从中走出来，要相信凭借自己的努力，祸患也能转化为福气；在得福时，人更应该谨慎行事，以免忘乎所以，反而招来祸端。这样的态度充满正能量，定会受到“老天爷的垂青”，享受到好运气。因出演《色·戒》，女明星汤唯一举成名，斩获了不少大奖。可好景不长，之后汤唯从公众视线中消失了很长一段时间。类似的事情，在娱乐圈并不少见，许多闪耀一时的明星在遭遇到挫折后，便悄然告别舞台，再也没有崛起过。然而汤唯与他们不同，一时的得意没有令她迷失自我，她也没有因《色·戒》中的性感形象而受到束缚。她趁着这段没有戏拍的空当出国学习，去国外开阔视野，学习更多更优秀的专业知识。

对于那段学习的经历，她回忆道：“我时常觉得生命很神奇，有很多事想做而未能做成，曾经一度失望至极，你以为生命中的那扇门已经关闭，你以为自己也已经放弃，可当日子过去，你只要踏踏实实走你该走的每一步，积极地去面对生活，有一天，你冷不丁就会发现另一扇门不晓得几时已经悄悄地为你打开了。”

顶着巨大的压力，汤唯经过几年的积累和酝酿，在这种积极心态的帮助下，再次出发。一部由她出演的韩国电影《晚秋》带她重返领奖台，在这部电影中汤唯所展现出来的真正的演技，不仅震惊了电影专业领域和娱乐媒体，也让她摘掉了“性感”和“花瓶”这样的标签。如今在观众眼里，汤唯不仅仅是一位美丽敬业的女明星，更是一个完整自由的女性，她不断地自我塑造和更新，完全不靠别人给予的标签活着，转逆境为动力，创造出全新的人生。

只有与困境抗衡时，生命才会显出高贵和韧性。只有在苦难中不断打磨自己，才有可能化茧成蝶。只有经历蜕变，才能获得新生。

笑到最后，才是真正的天才

从小到大，我遇到过各种各样的人，其中不乏别人口中的天才，也有“笨蛋”，其中我的好友阿芳就是一个很“笨”的人。

天才，我遇见过不少。在上小学四年级时，我们班上转来了一位女生，眉清目秀，叫静静，就在我座位后面坐着。她拥有一种特殊的本领，一目十行，而且还过目不忘。在当时，只要她看一遍语文课本上的诗歌和散文，仅需很短的回想时间，就能完整地背下来，几乎一字不差。

我们对她的本领感到十分惊奇，经常请她表演背诵文章。很快，她的这项技能也被班主任发现了，并上报给了教务主任和校长。一时间，全校师生都知道了她的存在，每天来看她表演的人络绎不绝。那时候的我经常感到骄傲，感觉我沾了她的荣光，竟有幸坐在她座位的前面。

但是到了初中，静静的成绩就变得十分平庸。她擅长背诵记忆，语文、历史和英语的成绩较好，可数理化这些需要极强逻辑思维的科目成绩却很是差劲。后来到了高中，她偏科的情况变得更加严重，成绩不好，让她甚至出现了抑郁的情况。高考失利后，她又复读了两次，但都是名落孙山。我大三那年，一个悲惨的消息传来，她服药自杀了！如今回想起来，我的眼前还不时呈现她那腼腆的微笑，她的去世让我心里既难过，又遗憾。

我的高中同学阿艳也是一位天才，她长得黑瘦，体力强悍。不管是长跑短跑，还是跳高跳远，她都如同一位专业的运动员，甩掉第二名老远，成绩永霸第一。这让体育老师经常感慨道，如果培养下这位学生，她完全可以成为一名运动员，甚至还可能被推荐进国家队。

当时我跟阿艳也相处得不错，曾偷偷问她，她是不是经常自己锻炼，或吃了很多富有营养的食物，这样体内才会积累如此巨大的能量。不过这仅仅是我的猜想，阿艳说，她很少锻炼，吃的东西也没什么特别的。我只能承认，有些人生来就拥有一些我们平凡人无法企及的特殊天赋。

只可惜，阿艳并没有选择从事运动员这条路。一方面，她的家人不支持；另一方面，她对体育行业也没太大的兴趣。后来，她高考落榜，直接外出打工，几年后回老家结婚生子，找了一份工作，从事医药器材代理。今年春节，我在老家偶然碰见她，她的身体早已发福，步伐也变得迟缓沉重，完全没有当年轻巧灵活的样子。

还有一位天才是我的大学舍友小丽，她是一位温柔白净的女孩，不仅声音甜美动听，还特别擅长模仿别人的语气，几乎可以达到以假乱真的地步。她的语言能力非常强悍，只要听一遍，任何语言都能模仿得惟妙惟肖。她曾分饰英文电影中一男一女两个角色，模仿两人的对话，几乎不输原版，让人惊异不已。

在模仿新闻联播时，她可以用出播音员的腔调；对于各地的地方话俚语方言，她都模仿得逼真有趣，让人不由得开怀大笑。我们都鼓励她从事播音或配音之类的工作，若去考取传媒大学播音方面的研究生，相信她完全可以胜任。她也曾多次考虑过这个问题，但最后还是选择了放弃。因为她是家中唯一的孩子，她的父亲早早给她安排好了工作，就等着她毕业后去当地地税局上班。大学毕业后，她按照家里的安排，回到家乡，安稳地工作，然后结婚生子。五年后我们舍友重逢，竟听到她离婚的消息，知道她现在独自带着三岁的儿子生活。这时，我又提议道，让她再去读传媒大学的研究生，可她却摇头说："早已不可能了！"转而扯着嗓门，冲着儿子喊道："你不要乱跑，给我好好坐着！""刚看不见你，你就又淘气了，赶紧坐下！"她现在的样子，完全没有了曾经的温柔甜美。

马太效应可总结为：但凡努力的，再加倍给他更好的东西，让他有余。只要不努力，就连他原本拥有的都要夺走。上帝是公平的，他平等地对待世人，赐予你天赋，假如你不努力上进，不加以正确地利用，上帝便会收回你的天赋，让你变成一个普通人。上帝拿走这些天赋后，便会把它们赠给那些尽管缺少天赋，却又十分努力的人。说到这里，我一定要说说我的“笨”朋友阿芳。

我与阿芳相识于小学。她整天笑眯眯，说话做事都慢吞吞，在众人眼中，她的智商可能都有问题，考试总是倒数第一，连老师都不太关注她，一些淘气的同学甚至叫她“笨蛋”。见阿芳学习不好，她的父母挑选了乐器、演讲、跳舞等几门课程，想让她学个一技之长。只可惜，她天资过差，没有培训班的老师愿意接收她。在音乐、肢体动作、语言表达能力方面，阿芳都不具备天赋，最后只能尝试绘画。阿芳的父母送她去了一个美术培训班，让老师认真严格地教导她。学习了一年绘画，她的绘画水平依旧让人头痛，画出来的画依旧不像样。美术老师只能更加严格地要求她，有时不免言语激烈，骂她“笨”。阿芳并未生气，一直笑眯眯地，只是比以前变得更加勤奋，她总是一个人安静地绘画，也不出去玩，别人出去玩的时间，她都用来绘画了！

到了我们小学毕业时，阿芳的绘画已经开始有模有样。到了初中，她没有专修文化课，而是选择了绘画特长班就读。就这样，在接下来的初中、高中和大学，她都选择了学习美术，执着于绘画。

大学毕业后，她去了一家艺术公司工作，主要工作是插画创作。在业余时间，她还会画一些图书插画，投稿给杂志社，很快就收入不菲。她利用年假时间，带着画板在国内外到处旅游，用文字整理了一路上的所见所闻，并配上了精美的手绘图，然后出版。很快，她便在圈子内小有名气，收获了众多粉丝，多家知名的杂志和动漫公司也注意到了她，想与她合作。

阿芳最近举办了一场个人画展，来参观的每个人都赞美她的画，说她是一位天才画家。看着她跟当年一样，站在门口笑眯眯地与大家打招呼，再看看她那一幅幅画卷，真的替她感到高兴。今天，大家都赞誉她是一位天才，然而我却知道，为了取得这样的成就，她一路走来付出了多少汗水和泪水。

阿芳告诉我，天赋是一种很神奇的东西，刚开始时，她讨厌绘画，一条线绘了上千次依旧弯曲。但是她别无选择，只能苦练。再后来，随着画得越来越多，她开始对绘画有了一些感觉。到了大学，突然有一天脑子开窍了，感受到了绘画所带来的情感和魅力。就这样，她一直坚持走绘画的道路，全身心地投入到绘画中，越画越自由，并越来越充满信心，最后她将绘画确定为自己终生要做的职业，与此同时，绘画回报给她财富、地位和名望，也让她的生活充满自信、变得美好！

阿芳笑眯眯地说："虽然天赋很重要，但是可以通过勤奋和坚持弥补它的缺失，努力到一定程度，上帝或许会赐给我们天赋，让我们获得成功。"如今在我看来，阿芳脸上的微笑就如同是天才嘴角的一抹微笑，令我不由得肃然起敬。

的确，天赋就如同是一件包装精美、闪闪发光的礼物，它被人捧在手心，只可惜礼物的数量有限，只有很少一部分人才能得到它。得不到它，与其抱怨失望、颓废堕落，还不如坦然接受，努力奋斗。或许在你浑然不知时，上帝就已经悄悄赐给你了天赋，让你获得成功。

在这个世界上，天才很少，而且大多数的天才难免会陷入"伤仲永"的悲剧之中。我们要相信，只要坚持，普通人也有机会超越天才。因为每一个成功背后，都隐藏着无数汗水和泪水，只要我们咬紧牙关、奋力奔跑，我们就能笑到最后，获得成功。

就算艰难，也要过得热气腾腾

前不久，我遇见一位朋友。她正在读研，而且她的研究生生涯即将结束。她告诉我，她感到人生充满了迷茫，不知道将来该做什么。她说，中学时代是她人生中过得最充实和快乐的一段时光，那时候有一大群朋友跟她一起，每天努力读书，畅想未来，那时每个人的心中都有自己的一个目标，都要考上自己理想中的大学。可到了大学，我们却惊讶地发现，大学生活也没有想象中那样美好，人与人之间的关系开始变得复杂起来，每个人都有属于自己的小天地，自己经常会感到与别人无法聊到一块，有时不能参加同学聚会，也会被说成不合群，这些都让她很苦恼。她意识到可能是自己的问题，可能确实是因为自己性格的问题导致无法应对稍微复杂一点的情况，她知道校园外面的社会更为复杂，为了不过早面对这些，同时她也很喜欢学习的感觉，于是决定继续攻读研究生。

她说，她现在必须重新审视自己，因为马上就要研究生毕业了，感觉很害怕。她认为自己这二十多年来，活得很平淡，既没有特别的兴趣爱好，也没有说走就走的旅行，甚至连一场热火朝天的恋爱都没好好谈过。她根本不知道以后的路该怎么走，是继续考博，还是找个工作；是留在大城市中继续打拼，还是回家过一眼能看到头的安稳生活。这让她很迷茫和纠结，忧心忡忡。

她长叹一口气，说道："我看着周围其他人，他们的生活都很忙碌，他们大部分人就像一台机器，不停地工作、旋转，根本不会停下来休息，可这到底是为了什么呢？每个人都说，要去追寻梦想，可我自己都不清楚自己的理想是什么，还说什么追寻。"

她的话让我不由得跟着叹息，也让我陷入阵阵迷茫之中。想当年，我跟她一样，也不知道毕业后要干什么，身边的人也给我提了不少建议，像考公务员、考研究生、考教师等。我的身边也充满了各种各样的诱惑，根本搞不清楚自己想要的生活到底是什么样子。

但我清楚，在我的人生中，我必须独自完成很多事，总有一段时光需要我一个人去走，这条路注定孤独，没有人能帮到我。因此，我给自己选择的路，就算遇到再大的挫折和困难，都要咬牙坚持，所有疼痛只能独自承受。前进的道路坚持走下去，不能因为怕噎着，就不吃饭；不能因为怕黑，就不关灯。

在我十几岁时，我的梦想是留在大城市，当一名编辑。我曾不止一次地幻想着自己未来的办公室，面对明媚的阳光，我坐在办公桌前，从落地窗俯瞰整座城市，那种一览无余的感觉，多么让人满足呀！可我的父母却希望我毕业后回家，在家乡从事一份稳定的工作。于是，考地方公务员和当教师，成了我父母最希望我可以从事的工作。尽管十分失落，但我还是去参加了考试，很可惜，公务员和教师都没考上。这样的结果没有出乎我的意料，我的心里也没有太多的难过和抱怨，因为我清楚，这本不是我心中所愿，我也没有付出太多努力。可以后的路该怎么走，同样让我陷入了迷茫，不管哪条路好像都不适合我，每种职业都令我感到无聊。我发现，成年人的生活十分没趣，重复地过着枯燥的日子，没有情调和趣味，生活平淡无奇。我想要的生活绝对不是这样。

曾有一段时间，我的状态极差，既不想说话，也不想逛街，更不想写文章，就连品尝美食都有一种味同嚼蜡的感觉。每天蓬头垢面，昏昏沉沉，连镜子都懒得照，白天睡觉，晚上失眠，熬到两三点都是常事。接着，我仿佛摇身一变成了一位哲学家，跟自己每天讨论奋斗的价值和意义。渐渐地，我甚至有些偏激，感到生活没意思，也经常思考：我们奋斗的意义到底是什么呢？

对于幸福和快乐，每个人都说需要去“追寻”，既然是“追寻”，那就代表这两样东西并不存在，即使存在，那也是稍纵即逝，几乎不可能得到。

直到有一天，我在书上读到这样一句话：“奋斗，是为了我们可以活成自己的模样。不奋斗，你就只能按着别人所安排的样子去生活。”读完这句话，我终于知道自己想要的是什么，我所想要的，不是稳定的生活和工作，更不仅是一份可观的薪水，而是想要活成自己的模样。

自己想要的生活，我如今已经找到，那么，我想分享一些经验和总结，让那些曾经跟我一样迷茫的年轻朋友们可以少走些弯路。

首先，美好生活的开始是要拥有梦想。它并不需要有多伟大，去做自己喜欢的事情，不管最后成功与否，仅凭追寻梦想的过程，就能让人获得很大的成就感。而且，只要去做，就有实现梦想的可能。

其次，需要培养兴趣爱好，起码要有一项，最好是能通过这项爱好获得一定的收入，这样你就不会认为生活无趣或没有价值。有的人喜欢创作，他可以通过给出版社投稿而赚取稿费；有的人喜欢绘画，他可以通过画插画来赚钱。尽管爱好通常不能成为职业，但只要坚持，也会给人带来很多惊喜，使平淡的生活充满乐趣。相信我，把通过自己的爱好赚来的钱拿去消费，会让你的幸福感瞬间爆棚。

另外，你应该培养气质，即便你天生丽质，而气质多半都藏于书中。因此，你应该多读书，阅读不仅能增长知识，丰富内涵，还能锻炼思维，让一个人学会如何思考和感悟。书分两种，一种是对你的专业和职业有帮助的实用类书籍，另一种就是休闲放松的书籍。在午后的阳光下，慵懒地躺在沙发上，享受着阳光的沐浴，品尝着一杯红茶，读一本自己喜欢的书，累了就小憩片刻，尽情享受时光的美好。还有，提高你的专业技能，这是你工作和薪水的最好保障。只有当别人难以取代你的位置，你的工作才有保障，只有你的专业水准和能力不断得到提高，你升迁加薪才有可能。

最后，你要学会自己独处。哪怕你已经有了男友或女友，或爱人和孩子。也要给自己时间去一个人吃饭，一个人看电影，一个人独处。只有一个人能真正静下心来思考问题，才能在没有别人帮助的情况下，独自应对困难。

人类是群居动物，天生不喜孤独。但在现代社会，每个人都需要成为骑士，只有这样，哪怕是独自一人，也能应对好突如其来的事情。假如你还没找到自己的另一半，那就更需要一颗强大的心，一个人的生活也要过得有滋有味。不能事事都依赖别人！

当你真的活出自己的模样，那你就握住了幸福和自豪，也会有傲气和底气，更有鲜花和花蜜，不会再担忧，也没有什么可以让你心生畏惧。

Chapter 4

×

坚持，比努力更重要

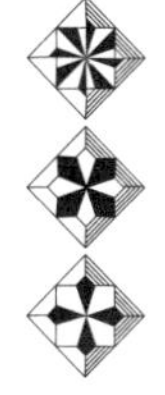

你感到痛苦的时候，正是成长的时候

人生中总会遇到一些让人不舒服、无法快乐的事情，不要急着在第一时间就排斥它们，因为它们很有可能会推着你前进，成为你前进的动力，使你变得更加优秀。

大学期间，我们的英语老师被我们私下称为麦老师，然而她并不姓麦。全因她的形象与《哈利·波特》中的麦格教授十分像，她总是高昂着她的头，不苟言笑，严苛地对待任何事，简直可以说是顽固不化。正是因为这些原因，我们便给她起了这个绰号。

她的课，尽管我们都不喜欢，但是几乎从来没有人敢逃课。麦老师上课特别喜欢提问，在她的课堂上，每个人都有很高的概率被提问到，而且就算是同一个问题，她通常也会让四五个人来回答。所以，只要两节课上下来，她几乎会把全班的名字点个遍，这让大家根本不敢逃课。

此外，麦老师批评同学时也是相当“毒舌”。只要问题回答得不好，不管是谁，她都会非常猛烈地批评，而且她批评的话一针见血，什么难听说什么，在没有侮辱人格的前提下，经常使受批评的同学无地自容，羞愧不已。

大学四年，只要是麦老师的课，我们就备感煎熬，如同深陷地狱一般。为了可以在上课时好受一些，大家便会在私下付出更多的努力，就算是最懒的同学也会在上课前猛看一阵书本。可以说，那段时光苦不堪言。

在毕业多年后的一场同学聚会上，好几个工作于外企的同学都说，在外企那种不是海归就是老外的环境下，他们这些二流本科的毕业生可以工作得游刃有余，很值得骄傲。

直到这时，我们这帮同学才明白，之所以可以取得如今的成就，有当年那个苛刻的麦老师的功劳，也正是因为她的苛刻和她带给我们的痛苦感觉，迫使我们不断努力，造就了我们今天的成就。

毕业之后，小茶在北京找到了一份工作，她所在的部门是公司刚成立的新部门，全部都是刚招聘来的新人，只有经理是老员工。经理是位中年男性，特别喜欢搬把椅子坐在办公室最后面，一个人看报表。刚开始，大家觉得他坐在那里是为了图清净，可后来有人偷偷试坐了那个位置，却惊奇地发现，他所坐的位置正好可以看清办公室所有人的一举一动。换句话说，之所以经理选择这个位置，目的就是监督每一个人。

此后，经理只要一坐在那儿，办公室所有人都会自动切换到模范员工状态，如同打了鸡血一般，拼命工作。设计师自觉设计出三个版本的海报，业务员一个接一个地打电话，作为策划的小茶，就算暂时没有工作任务，也没有闲着，不是查资料，研究对手公司的新作品，就是学习行业内的新知识等等，总而言之，没有一个人是闲着的。

就这样过了半年，这个新部门竟然签下了好几个大单子，公司的大老板直接公开表扬。几年后，小茶回忆起这段经历，不由得感慨万千，说正是这段日子使她养成了良好的职业态度和习惯，不断远离舒适区，逼迫自己努力工作，让她自己终身受益。

在这个世界上，可能也只有父母可以一直对我们和风细雨，当然事实上很多父母也做不到。尤其当你做得不够好时，和风细雨可能会变成严厉的指责。当初他会对你严苛地指责，让你下不来台。多年之后，你才会慢慢明白，正是当年那些让自己痛苦的人和事才真正地磨砺了自己。

只有痛苦、紧张过，才能真正战胜内心的惰性，不断改正完善自己。

所谓的超越，指的不是做自己喜欢的事情，而是就算自己不喜欢，也会忍下所有痛苦和泪水，去挖掘自己的潜质，努力去完成这件事。更何况，让你感到不适、不快乐的事情并非全都是错的，能否令人愉悦也不是判断一个人或事的意义和标准。在现实生活中，有些事看似让人愉悦，背后却隐藏着更大的危险，比如电影《少年派的奇幻漂流》里的食人岛，在白天，它宛如天堂，到了黑夜，便化身恶魔，吃掉每一个在岛上的人。

当然了，我们所生活的世界不存在食人岛的威胁，但惰性却具有同样的杀伤力，它会让人懈怠，使我们在最该奋斗、最该骄傲的年纪里陷入安于现状、安于稳定的平庸。

没有全力以赴，没有资格说放弃

有时，我们拼尽全力去做某事，结果却仍然难以令人满意。然而，这还不是最糟糕的，最糟糕的是那些没有用尽全力就中途放弃的人。

没有拼尽全力，就不要轻言放弃。

阿强，是一家跨国公司里的主管，高大帅气，还拥有渊博的学识。作为他们公司最年轻的主管，他的薪水已经达到了令我羡慕不已的水平。我与他从小玩到大，他之所以能取得如此的成就，看起来是一件不可思议的事情。

高一下半学年，阿强的成绩还是我们班的倒数第几。不管是老师的劝导，还是父母的威逼利诱，对他都没有什么用。

可奇怪的是，像他这样一个冥顽不化的家伙，竟然在高二开学时如同脱胎换骨一般，开始迷上了学习，求知欲爆发，为人也开始谦虚好问。高考过后，他成功进入到一所很不错的大学学习，之后顺利保研，从一名学渣蜕变为一名学霸。作为逆袭的典型案例，他还被当初教过他的老师用来说教学生，在一代代学生中传唱。只可惜，他突然间发生这般大的转变，没有人知道其中的根本原因。

春节时与他相聚，我想起了这件事情，于是借着酒劲问他，他当年发愤图强到底是受何刺激。他看着我，认真地说：“因为我家房子装修了呀！”

这个回答让我愣住了。

的确，那时候，阿强家的房子在装修，他只能跟着父母住到了爷爷家。恰好赶上上大学的表哥休假回家，于是阿强的父母便让表哥辅导他，纵然阿强表现得再不愿意，但终究架不住爸妈的唠叨，挨了一顿骂之后，回家拿高一课本去了。

一回到家中，阿强就直奔当初堆放书本的角落，可惜什么都没找到。就在他暗自高兴时，一个声音从身后传来：“小伙子，你是在找这个吗？”

只见一位年轻的工人钻到桌子下面，小心翼翼地搬出一个箱子，打开之后，两捆被包裹得严严实实的书露了出来，“我估计肯定会有人回来取这些，便把它们给收到箱子里了。”

阿强在地上翻着自己需要看的书，这时耳边又传来一个声音：“小伙子，你的书这么多，以后前途无量呀！”

听到这话，阿强抬头一看，原来是承接他家房子装修工程的小老板，他无奈地说道：“有啥前途，这还不是没有办法的事情！”

这话让小老板直接皱了眉头，说道：“你怎么这样说呢，读书当然有好前途呀！”

看着小老板，阿强问道：“你上过大学吗？”

小老板羞涩地说道：“没有。”

“那你现在不是跟那些读过书的人一样，过得很好。”

小老板却唉声叹气道：“什么一样，我那是没有选择的余地。”

“没得选还成这样，那有的选择就是错了。那我希望我能跟你一样，都没得选。这些没用的东西，我连看的心情都没有。”说罢，他随手扔掉手中的书，只见书“啪”一声落在地上，荡起一层灰。

小老板的脸色突然变得沉重起来，他慢慢弯下腰，捡起地上的书本，轻轻拂去书本表面的灰尘，双眼紧盯阿强，缓缓地说道：“你是不是认为天下所有人都可以随意扔掉书，就跟你刚才一样？”小老板指了指不远处那位正用力挥着锤子的年轻工人，说：“你看他，如果让你以后也做这个，你愿意吗？要知道，他当年高考只差一分就到了录取分数线，可就这一分，让他现在只能从事这种行业，只因家境贫寒，无力再供他上学。他的家境要是跟你这样好，只怕人家要比现在优秀几十倍呀！”

在很早以前，阿强就知道这个世界不公平，可他从没有像那天那样，亲身体验感受到这个世界的不公，残酷的现实就摆在他的眼前。

“十四岁时，我从家中逃了出来。因为贫穷，我连鞋都没有，离家那天还光着脚。那种穷得连鞋都没有的日子，你能想象得到吗？至于为什么要出逃？还不是不想被家人送去矿洞挖矿。在那座矿里，你知道死了我们村多少人吗？你见过矿石砸中身体，连脑花都流出来的样子吗？我见过，那是我三岁那年父亲去世时的样子。”说完这些，小老板点燃了一支烟，狠狠地抽了一口，双眼空洞地望着窗外。

抽完烟后，小老板叹了口气，说道：“之所以我要出逃，就是为了能活下去。让我在暗无天日的矿洞里工作一辈子，说不定哪天崩塌的矿石就会结束我这一生，还不如放我一个人出来自由自在地工作，万一赚到钱了呢？”

小老板再次拍了拍手中的书，郑重地放到阿强的手中，说：“我们一无所有，连一双向前奔跑的鞋都没有，可我们依旧向前奔跑，这实在是‘没办法’。的确，有些人天生不是读书的料，可孩子，你连尝试的勇气都没有，你就这样确定自己读不下去了？做一件事情，没有拼尽全力，你就没有资格说放弃。”

这句话一直回荡在阿强的脑海里，“没有拼尽全力，你就没有资格说放弃。”快开学时，阿强做出了一个决定：拼尽全力去尝试一次。没想到，他竟然成功了。

我们经常抱怨，抱怨自己一无所有，却不去思考自己拥有什么。看着别人走向成功，却只是心生羡慕和嫉妒，完全不知别人成功背后付出了什么样的艰辛和勇气。

在没有获得成功之前，你先诚实地问问自己：“我是否真的拼尽了全力？”

不畏将来，和未来死磕到底

为了能考上大学，出人头地，男孩刻苦学习。可惜的是，命运却跟他开了一个天大的玩笑，平日成绩优异的他高考竟然落榜了。

父母都是西部小城铁路上的员工，曾送过无数学子坐上火车，踏上远方的求学之路，可唯独自己的孩子却坐不上这趟求学的列车。后来，男孩成为一名工人，留在了铁路。

夜幕降临，男孩依旧蜷缩在铁路旁的小木屋里，唯一能给他带来慰藉的只有那台收音机。收音机里传出温暖的声音，不由使人驰思遐想。当年在高中时的他，在老师的指导和帮助下，也曾成功地在校园内开通了一档属于他自己的广播节目。

用广播节目中的声音和书中的世界，男孩传播着一丝想象和希望，传播给封闭式校园中那些被套牢的心。那时候的男孩是幸福的。

可现在男孩只能蜷缩在拥挤的小木屋内，与他相伴的只有两条冰冷的铁轨。每天晚上，男孩拿着一个手电，来回走动于破旧的小木屋和废弃的车厢之间。在站台上，男孩望着熙熙攘攘的人群，自己孤独地戴着耳机，听着收音机中的广播，他感觉自己已经被遗忘，这个冰冷的世界抛弃了他，这样的生活，他不想要。

就这样，男孩和父母不可避免地出现了矛盾。在一次激烈的争吵和让步中，男孩和父母最终达成了一致：男孩可以去外面为自己的梦想去奋斗拼搏，可一旦过得不好，男孩就必须重新回到这个工作岗位上来。

临走时，男孩偷偷放下探亲卡，将它塞进了桌子的角落里。至于这张卡的作用，是让铁路工人或家属，在买票困难时可以出示给铁路局工作人员，以便可以得到很好的照顾，或及时把你送到家人身边。男孩认为，这张卡根本没有用到的可能。

作为一个曾经的铁路工人，他已经看腻了来来往往的行人，他们带着大包小包，为了追寻自己的梦想，踏上远行的列车，不是去北上广奋斗，就是去下海捞金。男孩告诉自己，勇敢地去闯，不要害怕失败，就算失败，还能回到这个梦想最开始的起点，从头再来。

男孩去了重庆这座繁华的都市。白天，他兼职打工挣钱；晚上，他去大专夜校继续学习。生活中充满难以言说的心酸。

然而这一切并未让他丧失对未来的热情。有一天，高中老师给他打来了电话，他原本以为高考失利时全世界抛弃了他，却没想到，曾经的老师还记着他，还留了一扇窗给这位学生。知道他在重庆，这位当初鼓励并支持他开办校园广播的老师给他提出建议，建议让他去应聘重庆都市电台的客座主播。

人生充满了大起大落，你永远不知道下一刻等待你的是什么，是惊喜还是痛苦？他应聘成功了，后来经过他的不懈努力，正式成为了一名电台主播。作为一个曾在西部小县城整日与铁路为伴的人来讲，能取得如今的成就，这简直就是一个奇迹呀！

“晚上，声音是会发光的。”这是男孩的一句口头禅。

有多少个逝去的夜晚，他在冰冷的铁轨旁，依靠着一台收音机来照亮心中的未来。当然了，他也不清楚有多少颗找不到方向的孤单的心，在等着有人给他们指引明路，通向这看似光鲜亮丽的城市。但他知道，只要他现在所付出的努力，能影响到一个人，那他这样做就是值得的。

从一名铁路工人到一名主播，你或许会认为这是个例，根本不具有参考价值。之所以你会有这种感觉，是因为你可能意识不到每个人身上所具有的那种巨大的潜能。村上春树说过这样一句话：以卵击石，在高大坚硬的墙和鸡蛋之间，我永远站在鸡蛋这边。

其实，这就是一种坚韧不拔。可你为何不敢去尝试呢？趁着年华未老、青春尚在、梦想犹存，跟未来死磕到底，做一个坚硬的鸡蛋。你要相信自己，不要惧怕未来，就算走错了，大不了从头再来。

坚定心中的信念，才能活出自我

提起“老干妈”，相信无人不知、无人不晓。同样的，它的创始人陶华碧大家也都熟悉。如果说“老干妈”是一个传奇，那陶华碧则是这个传奇中的灵魂。

1947 年，陶华碧出生于贵州湄潭县的一个小山村中。20 岁时，她结婚了，结婚的对象是 206 地质队的一名成员。幸福的日子没过几年，她的丈夫就去世了，留下她和两个儿子相依为命。1989 年，一向节俭的陶华碧开了一家“便宜餐厅”，投入了她所有的积蓄，专门售卖冷面和凉粉。凉粉需要拌料才会好吃，于是她花费大量时间钻研出了一种拌着吃的辣椒酱，没想到的是，辣椒酱竟然比凉粉还要更受欢迎。有一天，她身体不适，没能来得及做辣椒酱，结果那天的凉粉竟然没人吃，这让她发现了其中的商机，开始精心改良这个辣椒酱。

1996 年 7 月，陶华碧在南明区运管村委会租下了两个厂房，并招募了 40 名员工，最初的“老干妈麻辣酱”制作开始了。1997 年 8 月，贵阳南明老干妈风味食品有限责任公司正式成立了，员工也扩展到了 200 多人。到了 2013 年，老干妈的产值已经高达 37.2 亿，在这十五年间，产值竟增长了 73 倍。2014 年，为了奖励老干妈集团创下三年缴税 18 亿、产值 68 亿的惊人收益，贵州省政府特意奖励了一个“A8888”的车牌号码给老干妈集团。可以说，老干妈集团不仅创造了巨大的经济效益，还直接或间接带动 800 万农民脱贫致富，社会效益也因此而得到普遍提升。

在今天这个资本运作的大环境中，几乎每个企业都想通过贷款、融资上市，发展自身。可陶华碧却始终坚持“不融资、不贷款、不上市”三原则。

2001 年，陶华碧想增设厂房，扩大规模，可当时资产的大部分都是原材料，一时间没有闲钱可以使用。这时就有人向陶华碧提出建议，因为当时的政策是大力帮扶地方型企业，建议她找政府请求帮助。得知此事的贵阳市南明区委，立即安排她与银行会面，洽谈借款事宜。来到区委处的陶华碧惊奇地发现区委办公室的电梯全是坏的，于是便跟会计商量：“电梯坏了，政府都没钱去修，我们现在却要去跟他们借钱，这太过意不去了，算了，我们还是走吧。”就这样，这一乌龙事件的出现，使老干妈再也不去贷款了。

直到现在，陶华碧也不跟银行借款。所奉行的原则一直都是一手交钱、一手拿货。她说：“我不想欠别人，别人最好也不要欠我。”因此，没有一两千万的保证金，是根本拿不下来“老干妈”省级代理的。

对此，陶华碧回答得十分干脆：“我没有借过国家一分钱，更不需要国家什么扶持或帮助。我只知道，有多大能力，做多大事。好高骛远，我不会，也不想，只想认真地做好现在的每一件事。”

在采访时，经常会有媒体问她：“既然赚了这么多钱，为何不去涉足其他领域？在成名后，很多公司都会积极拓展业务，涉及更多方面，赚取更多的钱。难道你就没动心过吗？”

陶华碧说：“我没有什么远大的理想，我现在做一件事，就想把这件事做大做好，心无旁骛。随着时间的积累，我相信总有一天肯定会做精做好这个行业。”陶华碧坚守住了初心。

2009 年，微博开始在网络上兴起。在微博网站上，我结识了一位老乡，尽管从未相见，但知道彼此相隔不远。

大概是住在大方湾的缘故，他取名为“大方湾主”，当时的他是一家公司的程序员，收入很不错，一个月的工资有两三万。

平时我们很少聊天，就算聊天，也只是说一些无关紧要的话。突然有一天，我惊奇地从微博上看见他去乌镇开了一家客栈，把我吓了一大跳。

有小半年没联系的我赶紧私信给他，到了第二天，他才回我，他说，他一直向往这种闲云野鹤般的生活，与人交往，但交往不用太深。他投入了所有的积蓄在客栈上，现在生意可好了！

没过多久，他告诉我他有对象了。因为工作原因，在广州的时候根本没时间去交朋友，一直遇不上合适的人。他认为现在这个姑娘挺合适的，不仅能在闲暇时陪他转转，还能在忙时帮着干活，性格方面又是他喜欢的类型。他说："因为在对的地方，可能才会遇见对的人吧！"

世界之大，对的地方又是哪里呢？这个问题我思考了很久。在自己喜欢的地方，做着自己喜欢的事，慢慢吸引来了同样类型的人，同时也出现了理想中的姑娘。

前几天还在互通信息，他兴奋地告诉我，那位女孩早已变成了他的妻子，现在还多了一个可爱的妞儿，客栈的生意也十分稳定。还好，在忙碌的都市里，他没有迷失自我。

不努力，就无法跨越人生障碍

面对困难，我们可以选择迎难而上，也可以选择原路返回。选择了原路返回，可能会免受许多苦难，但这也意味着你可能会一无所获。反之，如果选择了迎难而上，那就需要付出超人的代价去披荆斩棘，去跨越苦难，而且有时即使付出巨大的代价最后也未必能如愿……其实，这就是人生。不停地接受这样的境况是我们一生都需要具备的能力。

对于我而言，我只会选择坚持前进，并且不会受到任何情况的影响。

因为家境贫寒，一位年轻人被迫放弃学业，孤身一人前往城市，谋求生路。初来乍到的他，无依无靠，也没有一技之长，没人瞧得起他。渐渐地，他绝望了，准备启程回家，离开这个大城市，在走之前，他抱着心中最后一丝不甘的希望，写了一封信给当代有名的企业家崔恩，在信中，他表达出对社会的怨恨和不满……

让他没想到的是，他一周后他竟然收到了崔恩的回信。崔恩的回信既没提工作的事，也没同情的话语，只是单纯地讲了一个故事。

很久以前，有很多鱼生活在大海中，之所以鱼儿可以停留在各个水层中，是因为体内有鱼鳔的缘故。鱼鳔可以产生浮力，可以在腹腔产生足够的空间，阻隔外界水压，保护体内内脏。可以说，鱼鳔控制了鱼儿的生死。但水中却有一种鱼天生没有鱼鳔，如同鱼类中的异类。

这种鱼就是“深海霸主”鲨鱼。它们天生没有鱼鳔，但依旧能够叱咤海洋，乘风破浪。

这到底是为什么呢?

经过科学家的不断研究，他们惊奇地发现，因为没有鱼鳔，鲨鱼一停下来便会沉入海底，所以它只能永远不停地保持身体游动。也正因为长时间不断地游动，造就了鲨鱼一身的肌肉，使它可以来去自如，拥有超强的战斗力。

崔恩说：“年轻人，你知道吗？你现在就好比是一条无鳔的鲨鱼，你的大海就是这座城市……”

这位年轻人辗转反侧了一整晚，脑海中全是崔恩信中的话语。

第二天，他跟旅店老板说：“我可以不要一分钱，免费给你干活，只要提供吃住就行。”

十年后，他拥有了让所有人都心生羡慕的财富，还娶了企业家崔恩的女儿。他的名字叫作哈恩，著名的石油大王。

这就是，因为心存希望，所以脚下遍地开花。

面对苦难，要积极去思考应该如何解决问题，而不是站在原地抱怨。缺少什么，就去追求什么。只有努力进取，才能跨越人生道路上的重重障碍。

面对现实，有些人退缩了，导致从此沉沦了下去；而有些人则勇敢地跨越了过去，从此步入成功的殿堂。

只要心存希望，脚下便会有路。

与其抱怨这个世界的种种不公，不如做一条奋力游动的鲨鱼，走出一条属于自己的强者之路。不努力，怎能跨越人生的障碍？

现在奋力拼搏，未来才有底气

在各大城市间频繁穿梭作演讲，总有一些热心的伙伴向我提出问题，而问得最多的问题就是：不管怎样，只要活着，结果都是艰辛的，那何必要去奋力拼搏呢?

而我的回答依旧是：今天你付出了努力，就是为明天留一条出路，尤其是在你工作成效甚微时，当你讨厌一个人想远离他时，当你厌倦了一种生活方式时，这时你就多了一种选择，拥有更多保护自己的资本和余地。

而这些道理，全来自一位姐姐。我们相识于在济宁的一次讲座上，而且一看就知道她是一位成功人士。她告诉我：她之所以这么拼命，就是为了可以在未来的某个时段，自己选择自己的命运，对自己不满意的生活说“不”，不必遵循别人的安排，工作不喜欢可以果敢地辞掉，不喜欢的人可以果断离开。这些话让我深信不疑，并牢记于心。

这么多年来，她一直在努力，也一直这么做。

第二次来济宁，这位姐姐亲自开车来接我们。路上途经一家煤矿集团公司时，姐姐不由自主地感慨道：“在这家煤矿公司里，有过我最美好的年华和最迷茫的时光。”

高职一毕业，她就来到这家公司上班，与她一块儿的还有七个女孩。因为公司管吃管住，所以她在这里的生活就如同大学时一般。每天按时起床，穿上统一的服装，去同一间屋子里，每天面对一大堆仪器，不断重复相同的事情。

就这样，生活既无聊又枯燥，每天这八个女孩反复做着同样的事情，就连嬉戏打闹都变得一样。晚上熄灯之后，女孩子们总是要闲聊两句的。可姐姐却经常拿着一条小板凳，一个人坐在走廊的开水房里发呆。宿舍周围有一排树，一排开花的树。姐姐不希望自己的一生就这样过下去，她想通过自己的努力改变命运，她想自考大学。想清楚之后，她经常拿着书一个人坐在那排树下，利用别人在嬉戏打闹的时间去学习。在其他姑娘看来，她们现在拥有的是人人羡慕的铁饭碗，而自考大学太遥不可及了。于是，室友们便不理解，甚至嘲笑她，可她并不在意。

大家的想法在很多时候是不同的。为了追逐自己的新世界，你昂首阔步，一往直前，即使你也不清楚前方的路到底该怎么走，未知的世界看起来既神秘又可怕，你全当作是一种冒险和挑战。可这样的冒险是一些人接受不了的，他们只会一边抱怨，一边安慰自己，依旧过着按部就班的生活。连续考了三年，她终于在第三年拿到了录取通知书，这时的她很清楚，到了自己该付诸行动的时候了。她辞去了稳定的工作，去了辽宁，一边用功读书，一边打工挣钱。

大学毕业后，她重新去找工作。可造化弄人，她又回到了原来那家煤矿集团，尽管职位得到了提升，可面对的依旧是那间屋子，那群女孩，当初一模一样的工作，就如同是兜了一大圈，又回到了起点。这让她心中多少替自己感到不值。

但这位姐姐并不甘心，继续开始努力。她准备通过会计证和律师证的考试，她依旧坐在那排树下或开水房旁边学习。那时候的她早已结婚，看她如此辛苦，老公便劝她不要这般拼，可她丝毫听不进去，依旧疯狂看书。那阵子，她时常身体不适，知识也总记不住，她还以为自己患了健忘症呢。去了医院检查后，她才知道原来是怀孕了。

于是，这位姐姐主动辞去工作，全身心地投入到学习看书中，丝毫没有顾忌自己已经怀有身孕。孩子出生后不久，她也如愿以偿地考取了会计证和律师证，并成功应聘成为辽宁盐务局的一个主管。这个消息一经传开，她的朋友圈炸开了锅。那些曾经嘲笑过她的人，至今还在原地踏步，还在那间房子里穿着同样的工装，面对着相同的仪器，过着枯燥且无聊的生活。

我们之所以选择改变、选择不断挑战，不是为了别的，就是为了可以活得更加潇洒，可以有更多的选择权。对于任何一个人而言，努力都有着重大的意义，但努力一般很难见到立竿见影的效果，可能需要付出多年的努力才能艰难实现。到那个时候，你会惊奇地发现，面对生活，你不再像当初那样害怕和恐惧了，甚至可以云淡风轻地应对好一切，这时你才能体会到努力的真正意义。

不想屈服于命运的安排，就必须努力改变自己。只有这样，你才可以在未来面临选择时多一条路，多一个方向。人的一生，注定一些道路要自己一个人走，我们不知道什么时候身边的人会消失，会远离，更不知道谁会陪伴你走过人生中的一个个阶段。面对未知的恐惧，很多人只敢像机器般重复不前，从来不敢说一句："我想从头再来！"

那些面对困难敢于说"我敢"的人，一直是我所钦佩的对象。我相信，每个"我敢"的背后都站着一个人，一个挺过艰难岁月的人，一个有奋斗不息精神支撑着的人。他们奋力拼搏，他们孤独沉默，他们熬过了无数艰难的岁月，终于可以自己选择自己的命运，终于可以充满底气地走向成功。

有勇气的人才能活得精彩

人生在世，除了父母是命中注定，其他的一切都犹未可知，它就像是一场场闯关游戏，你永远不知道下一关等待你的是什么，而我们还要继续走下去，支撑我们不断走下去的是勇气！

因为勇气，我们的生活才会变得更加精彩。

我和阿美出差到上海，其中有一项任务是演讲。因为太忙了，我们竟忘了“试音响”这件演讲前最重要的事情。我像往常一样，充满自信地登台，一开口说话，才发现音响竟然坏了，发不出声音，只有前排的人才能听到我的声音。没有办法，我走下台去，站在观众席的正中间，向他们继续我的演讲。

在这场演讲过程中，我格外地卖力，几乎要把嗓子给喊破了。当然了，这场演讲也取得了十分显著的成效，我感到很幸福。刚一结束，我和阿美便激动地抱在一块，她说：“我们如果去检查音响，这个问题肯定会被发现，届时再让人来维修，时间肯定会被耽误，那么今天的演讲必定会受到影响，甚至会被推迟。”

阿美的话让我若有所思。是呀，要是真去检查并发现问题的话，我的心情很可能会因此受到影响。这样一来，能否顺利完成这场演讲还真说不准。但是，我一站在舞台上，就意味着我必须独自面对各种突发情况，开弓没有回头箭，就算音响坏了，也要坦然面对，继续讲下去，台下所有人的目光都在我身上呢！于是，我彻底调动大脑，放弃先前准备好的稿子，重新组织语言，想到什么就说什么，完全顺着自己的内心走。其实，真正的演讲就是走心的。

阿美，今年 24 岁，是我们团队中年龄最小的，但是她从事演讲的经验已经有两年了，演讲也进行了不下四五百场。为此，阿美付出了更多的努力，也十分勇敢。

在私下，我偶尔问她，当初你为何会选择这条道路？

她说，当时领导要出差，目的地是南京，恰好我也喜欢这座城市，便申请一并过来看看。其实自己也不知道，怎么就进入了讲师的行列。

第一次上台演讲，她的内心也充满胆怯，望着台下数千名学生，她只有一个念头：我要逃跑。可看着孩子们真诚的双眼和校长老师恳求的目光，她有了勇气，这场演讲必须成功。这是阿美的第一次演讲，也正是因为这次演讲，她与演讲结下了不解之缘，从此在这个行业开始深耕细作，期间她去过很多城市和学校，也欣赏了很多美丽的风景。

我问道：“累吗？你是否想过要放弃？”

她说：“累！有很多次，我脑海里都出现过放弃的念头。当初我第一次上台演讲，抱着的是试一试的态度，我什么都不懂，只有用心去演讲，感觉很舒服。此后，我一发不可收拾，深深爱上了演讲，但我也知道：一些机缘的到来是突如其来的，生活根本不可能给你太多时间去准备，但是只要勇敢地去面对，同样可以抓住机遇，获得精彩的人生。”

后来，一所大学邀请我去做演讲，我很犹豫，没有立即答应他们，之前演讲的对象一直是中学生，突然让我去大学里演讲，我心里很没底，甚至有些胆怯。就这样大半年的时间过去了，我依旧没给他们一个明确的回话。这时，校团委再次发出邀请，告诉我，演讲就跟上一堂课一样，完全不用紧张。

恰好那时，我自己的稿子也完成了，工作并不算太忙，便答应了。

领导告诉我：“别紧张，按照自己内心走就行了，演讲稿之类的，你甚至都不用去准备。这就是一场普通的演讲，嘉宾也很随性，完全不用太在意。”

听到这些，我暗暗松了一口气，仅做了一个简单的 ppt，准备临场发挥讲一些故事，再结合下自己的经历，随便讲讲就可以了！

可真到演讲的那一天，我傻了眼！这根本不是什么随意的演讲，学校的舞台一看就是经过精心设计的，还有很多人来听演讲。我一进来，就被推到舞台的正中央，主持人更是一通介绍。我顿时脑袋陷入一片空白，望着头顶的聚光灯，我突然想起自己求学时，每当孤独或绝望时，总会抬起头，望着窗外的星星……于是，我有了思路，开始了我的演讲："随着一个人的不断长大，会被贴上各种各样的标签。而我今天，准备把最真实的自我展示给大家，撕下伪装这枚标签。在此之前，我以为这仅仅是一次分享课，也没有提前准备演讲稿，我内心忐忑地走上台，不知所措。但我很庆幸，我准备现场发挥，将我真实的故事讲述给大家听……"

这时台下掌声响起，震耳欲聋，也鼓励了我。

通过这次演讲，我明白了一个道理：并不是一定要准备妥当了，才能出发。或许，你情急之下的决定或被逼无奈的临场发挥，会让你看见另一个自己，一个勇敢、拼命的自己。

人的一生真的很短，在很多时候，没有准备好就必须要出发。我们大多数人，都是摸着石头过河，一次次跌倒，再一次次爬起来。

这个世界充满了未知，没有人知道未来会发生什么。

也没有人知道，前方的路到底有多长，只有那些不辞辛苦跋山涉水到达过的人才懂得这条路的魅力。所以，那些最有勇气的人，才是这个世界上活得最精彩的人。

有勇气的人才能活得精彩，愿你的一生也充满勇气。

走过的弯路越多，见过的风景也越多

“世之奇伟、瑰怪、非常之观，常在于险远。而人之所罕至焉。故非有志者不能至也。”这句话出自王安石的《游褒禅山记》，这句话解读成励志的语言，便是：我们需要莫大的勇气和意志，才能一步步探求未来，走向他人难以企及的成功。

陈棠，我的发小，是一名演员，年轻漂亮。可每次我向别人介绍她的工作时，她总会插一句“一名不入流的演员罢了！”

尽管她这样说，我还是为她感到自豪。每当我难过或伤心时，她总能及时出现在我身边，然后用她自己独有的方式来安慰我，有时是一个眼神，有时是一个拥抱，不管用什么办法，总之每次都能奏效，使我立即安静下来。

每个人都有脆弱不堪的一面，只是有些人不容易表达出来罢了。就比如一些给人带来欢乐，成为别人开心源泉的笑星，他能在别人受伤脆弱时给予安慰，可又有谁能在他脆弱时给予安慰呢？我一直认为，那些平常最能给予人希望和坚强的人，能安慰得了别人，却安慰不了自己，他们是这世界上最孤独寂寞的人。

一次，我接到陈棠的电话，在电话中，她用急切且伤心的语气跟我说："他喜欢上了其他女孩，我被劈腿了。排练节目时，我心不在焉，导致失足从假树上摔了下来，现在还躺在病床上呢。而且导演告诉我，让我近期不要想工作上的事情，好好休息。"

我急忙赶到医院，看着病床上躺着的陈棠，脸色苍白，让人心疼不已。见到我难受，她反倒过来安慰我，并让我立即带她去排练场。

她现在这个样子，我真不知道她要去排练场干什么，但我拗不过她，只能带着她去了。看到她的到来，排练场的所有人都感到很惊讶。

不远处，导演正在重新挑选角色，那些靓丽的女演员光芒四射，正在期待着自己的入选。陈棠的眼中闪过一丝失落，但很快控制住了自己的情绪。她坐在排练室的角落里，认真地研读剧本，分析好每一句台词和每一个感情。然后在剧本上写下自己对人物角色的理解以及分析，拿给导演看。

我考虑到她的伤痛，劝她道："行了，别想太多了，就当自己给自己放了一个长假！"

陈棠说："或许老天是想让我反省反省自己，顺便思考下以后的人生吧！”

直到最后，导演都没表达出想再次邀请陈棠出演的意思，生活并没有给她带来一丝的意外和惊喜。陈棠的坚强赢得了大家的赞美，但代替她出演角色的另外一个出色的女孩却赢得了大家的掌声……

舞台的帷幕缓缓落下，灯光暗淡了下来，又到了曲终人散的时候，唯一留下来的只是那一片寂静的光景。原来，她什么都没得到，就连自己想象中的快乐都是别人的。

你是否有过这种感受，最开始时，你和一大帮人走在一起，可因为各种各样的原因，你渐渐地远离了那些曾经熟悉的人群，可当你想要追上并再次融入这个群体时，你惊奇地发现，不知从什么时候开始，自己好像变成了局外人。

陈棠根本没有想到，自己竟是以这样的方式离开自己最喜爱的舞台，她一瘸一拐地走在大街上，泪水不由自主地流了下来。

如果这样的事情发生在我身上，我很难从中走出来重整旗鼓。我想就算是如此坚强的陈棠，从伤痛中走出来，最起码也要一两个月吧！让我万万没想到的是，没多久，她就笑着告诉我，她要读研。而我当这是一句玩笑话，丝毫没有在意。

但不是开玩笑，很快陈棠就做好了考研的准备。此后，她整天把自己关在房间里，拼命地学习，过着“考研狗”的生活……

尽管她这般努力，可上天依旧没有眷顾她，辛辛苦苦准备一年的考研最终也以失败而告终。她陷入了两难的境地。工作早就丢了，没有了经济来源，银行卡里的余额也只剩下不到一百元了，现实的窘况根本不允许她再战了！尽管这样，陈棠还是很快调整好了状态，迅速满血复活，并迅速踏上再次找工作的历程。

这个世界上没有任何东西可以保持永恒。很多时候，我们原本朝着一个方向前进，可到最后，却发现自己脚下的道路早已是另外一条。而实际上我们并没有改变自己当初的选择，改变它的是时光和各种机遇，而这些改变往往是在我们不知情的情况下，就这样悄悄地，让我们背负上了各种不同意义的使命。

在未来的道路上，我们迷茫前进，根本不知道前方等待我们的是什么，但生活终究会告诉我们答案。

就在陈棠准备收拾行李，离开这个城市去另外的地方重新寻找工作，开始一段新生活时，她接到一个名导的剧组邀请函，邀请她来出任日语导助，他们了解她的情况，认为只有她才能胜任这个岗位，并希望她能尽快上任参加工作。突如其来的惊喜让陈棠忍不住大声喊叫，发泄内心的喜悦。此时的她，不需要祝福，更不需要眼泪。

绕了一大圈，磕磕碰碰地走过一段路后，她最终还是回到了自己喜爱的舞台上。这中间起起伏伏的落差，只不过是一条抛物线，我们所认为达到的终点，其实不过是另一个开始。多年以后，我们才明白，那些曾经走过的弯路，让自己看到了不一样的风景。上天的给予，不是想收回赐予你的幸福，而是想考验你是否忠于自己的内心。

每一次放下昨日的辉煌，探寻未来，每一步都需要我们付出莫大的勇气，也正是这样才让我们收获了更多的美好。走过的弯路越多，见到过的风景便越多。

踏过泥泞，才会留下最坚实的脚印

因为不满意之前的工作，我辞职去了一家外企上班。在这家公司里，大多数同事之间的日常交流都是用英语进行的，这让我羡慕不已。我的情况被公司经理刘博看了出来，他告诉我，他可以帮助我提升英语水平，因为他以前在培训学校当过英语老师。他很明确地告诉我，只要我按照他所说的去做，英语水平一定能得到大幅度提升。

根据我的情况，刘博制作了一个详细的学习计划给我：每天早上起来，先读三十分钟的英文；中午休息时，去听 BBC；晚上睡觉之前，背诵英文单词。此外，一旦学习，全身心都要放空，心无杂念，不要想其他事情，认真地学习，并在心里告诉自己，自己一定可以学好英语。

我拼命地点头，说：“嗯，我一定照办！”

看着我自信的脸，他笑了起来，说道：“你先试试看吧，这可不简单。”

刚开始的一两天还好，我觉得完全没有压力或负担，但到了快一周时，我便受不了了。整个过程并没有想象中的简单，很多意料之外的事情会突然打断你的计划。比如，早上你正在看英文，突然想到自己还没有来得及洗漱和吃早饭；中午你被迫听着 BBC，实际却困得不行；晚上回到家，本来工作了一天已经很累了，却还要花精力去记忆单词，结果没记两个就睡着了。

后来，我将这些情况反映给了刘博经理，他告诉我，在学习时，每个人都会遇到这种情况，但不同的是，在这些困难面前，每个人所做出来的反应不同。在困难面前，不同的人会选择不同的应对方式，是离开，还是放弃，或者是坚持，每个人所做出的选择都是自己内心真实的写照。

作为上海体育大学的体育生，刘博在毕业那年因为意外导致腿受伤。这让他心急如焚，看着身边的同学一个个出去找工作，并陆续传来好消息，他不知所措，在一段时间里浑浑噩噩。他知道，这样下去不是办法，可他现在这种状态，对改变现状毫无用处。

他的内心充满了自责和愤懑，当时他还在医院输液养伤，他一把拔掉手上的针头，看着缓缓流出的鲜血，竟毫无感觉。看到这一幕，走廊里一个坐轮椅的女孩赶紧喊来医生替他包扎。

处理完伤口，那个女孩给男孩讲了一个故事。

女孩原本是政法大学的研究生，已经准备好以交换生的身份前往英国。在出发前的一天早上，女孩发现自己的腿部有些胀痛，她没有在意，认为自己是过于疲劳，休息休息就好了。可情况不断恶化，后来竟肿胀到无法行走。女孩的妈妈急忙带她前往医院，经过检查，医生建议立即住院治疗。

这让女孩意识到事情的严重性，可妈妈什么都不说。就这样，女孩就一直住在了医院。女孩也想过要自己结束生命，但认为这样太没有尊严，也放不下父母，就放弃了。没有人告诉她到底患了什么病，对于这个女孩来说，想要有尊严地死去都成了一种奢望。

从那以后，女孩便每天坐着轮椅，自己推着自己，穿梭在医院的各个角落之中，只要见到那些看起来没有生机的人，女孩便上去帮助他们。对于生活，女孩也有些悲观，但她还是希望可以通过自己绵薄的力量，帮助到别人，给自己换来一些乐观和生的尊严。

听到这里，刘博才清楚自己的行为是多么的鲁莽和愚蠢。此后，刘博认真自学英语，希望自己可以成为一名老师，悉心教导下一代。从那以后，他在学习英语上花费了更加专注的精力，早上一睁开眼，他就开始背单词，晚上睡觉前必须誊写完一份总统的演讲稿。

没过多久，刘博康复出院了，可遗憾的是，直到最后，他再也没有见过那个女孩，也不知道女孩到底身患什么病。刘博只能在心中默默地祈祷，女孩的一生如果真的不如意，还希望老天能满足女孩最后一点心愿，让女孩有尊严地离去。

经过不断的努力，刘博终于当上了英语老师。在这茫茫人海中，借着别人的希望，我们变成了另外一个人。女孩口中的有尊严地死去或活着，大概就是一个即将离开人世的人，告诫世人：应该感恩生命；感恩生活，可以让一个深陷绝望的人重燃希望；可以让人变得乐观开朗。

遇到困难，我们总是祈祷：命运啊，多体谅体谅我们，这样痛苦的人生不是我们想要的。

可是，不管未来的道路是什么样的，是泥泞还是平坦，只要我们拖着沉重的肉体在上面行走，必定会留下脚步。只是这印记，或清晰可见，或淡淡一点。可它的存在就是在告诉你，你曾来过这个世界，并且是否经得住命运的考验。有的人承受不住命运的考验，被压得找不到痕迹；有的人承受住了命运的考验，脚步深深陷了进去，尽管一抬脚全是泥泞，但毕竟精彩过，这也值此一生。

Chapter 5

×

任何不完美，都要坦然面对

相信自己，你可以创造无限可能

每个人身上都隐藏有巨大的潜能。它如同一位巨人，深藏于我们内心深处，等待着合适的时机，让我们去唤醒它。如果有人告诉你，你不仅可以轻松掌握 30 门外语，背诵记忆一整套百科全书，还可以取得 8 个学士学位。你也许会认为他是一个疯子。

但我可以坚定地告诉你，这是真的，你真的可以做到。

经过大量的调查研究，专家得出一个结论：人身上大部分的潜能尚未开发。美国学者詹姆斯说："就普通人而言，他们只开发了自己身体巨大潜能的百分之十，我们现在所取得的成就仅仅是其中很小一部分。可以说，我们现在只是开发了全部潜力中微不足道的一部分。"

科学家们发现，人的大脑具有十分庞大的贮存能力，想要实现上面所述的目标，仅需发挥大脑能力的一半作用就可以了；要是可以最大限度地发挥体内潜力，有所作为，你甚至可以创造出奇迹。当然了，这些研究不仅仅只有理论，还有许多现实生活中的事例作为旁证。

梅尔龙，美国人，在他 19 岁那年，因为参加越南战役，不幸被流弹击中，造成下肢瘫痪，成了一名残疾人。尽管经过十二年的治疗，但他还是没能站起来，依旧坐着轮椅。

刚开始，他无法接受这一残酷的事实，只能每天借酒消愁。一天晚上，他刚从酒馆走了出来，准备回家，结果却碰到三个抢劫的人。作为一个军人，他誓死不从，拼命保护自己的钱包，不让人抢走。这让抢劫的人暴躁如雷，一把火烧了他的轮椅。在火苗燃起的那一刻，他猛地站了起来，风一般跑了起来，完全忘记自己是一个残疾人。等缓过神来，回头一看，他惊奇地发现，自己竟然跑了一条街的距离。

梅尔龙事后回忆道："我当时看见自己的轮椅被点燃，根本不知道发生了什么，只知道我必须赶紧离开，不然就会被火烧死，于是我拼命地跑，跑到另一条街上。等我缓过神来，我竟然发现，我居然能走了！"

在紧要关头，梅尔龙激发出了自己的求生潜能，他的潜意识也在不断要求自己必须站起来，不然只能面对死亡。所以，在最危险的一刻，他终于站了起来。现在，梅尔龙跟周围其他人一样，能走能跳，还在另一座城市找到了工作，完全恢复了正常。

人体内的细胞高达亿万个，蕴藏的力量非常巨大。一旦将这种潜力唤醒，便可以做出许多令人震惊的事情。在病势垂危、呼吸困难时，医生或亲友一番热烈恳切的安慰话，竟然能让病人转危为安。像这种情况，我们并不少见。对于一般人而言，之所以疾病会造成死亡，是因为病人自己没有了活下去的信心。

有两位老人，都已经年过古稀，其中有一位老人早已开始安排后事，认为自己大限将至；而另一位老人却觉得，虽然自己已经年过古稀，但依旧可以发挥些余热，于是便开始学习登山。在之后 25 年的时间里，学习登山的这位老人，每天练习和训练，先从小山坡开始爬起，最后到富士山，在她 95 岁那年，她成功登上了日本富士山，成为登上富士山的人中年龄最大的一位。至于另一位老人，早已寿终正寝了。

爱默生说过：有人叫我去完成我能力所及的事情，才是我最需要的，也是我表现才能的最好途径。那些拿破仑、林肯都未必能完成的事情，只需我尽最大的能力、发挥出我的才能，我便能完成。

每个人的身体都蕴藏着巨大的能量。只要你能发现并利用这些能量，你便会有所作为，创造出人生的奇迹。

不要抱怨，也不找任何借口

生活中有很多人在遭遇失败或遇到瓶颈时，总会不自觉地找各种借口去推卸责任，抱怨别人。然而，抱怨特别容易扼杀人的创新精神，这是一种十分消极的情绪，它总是让人在不知不觉中变得消极颓废。它更像是一剂鸦片，极易上瘾，使人情不自禁地去品尝它，逐渐心虚和懈怠。遇到困难第一时间想的是退缩，最终会彻底失去执行的能力和欲望。给自己找借口的永远是那些软弱无能的人，而优秀的人根本没有时间去抱怨。

美国伯利恒钢铁公司的创始人查尔斯·施瓦布小时候家境不好，接受教育的时间也很短。在 18 岁那年，他来到钢铁大王卡内基的一个工厂，从事体力劳动。工作真的很辛苦，他身边的人在不停地抱怨，并诉说着工资的微薄。但是他们别无他法，因为没有知识，他们只能从事这种体力劳动，默默忍受着这不公平的一切。但施瓦布跟他们不一样，他从不抱怨，只是默默地工作，不断积累经验，并且利用空闲时间自学有关建筑的知识。

一天晚上，施瓦布照例在灯下看书学习，没有像其他同伴那样聚在一起闲聊。恰好，经理那天来到工地进行视察，见到施瓦布没有在闲聊，而是在看书，便特意走了过去，随意翻了翻施瓦布的笔记，然后若有所思地离开了。第二天，经理就把施瓦布叫到了办公室，然后问道：“你为什么要学习这些东西？”

施瓦布回答道：“在我们公司，根本不缺干体力活的人，缺少的是有工作经验的技术人员，我现在的学习就是为了朝着这个方向前进。”

听完之后，经理点了点头，没有说什么，便让施瓦布走了。几天后，施瓦布就得到了任命，他成为技师。升迁的施瓦布不免让一些人眼红，以前的一些同事开始挖苦他。但施瓦布只是回答道：“我现在工作，不仅仅为了挣钱，还为了我的梦想，我的前途。所以，我必须不断提升自己，只有这样，我才能得到发展，才有可能得到重用，赚取更多的钱，才能离我的目标更近一步。”

在这样的信念支撑下，施瓦布不断向上爬，最终成为总工程师。

据说西点军校有条不成文的规定。只要军官问话，你的回答只有四种:“报告长官，是！”“报告长官，不是！”“报告长官，不知道！”“报告长官，没有任何借口！”除此之外，一个字都不允许多说。

不找任何借口，不因外物所困，不要抱怨。怀有坚定的信念去努力。

这是西点军校的校训，也几乎是所有成功人士都具有的品质。

韦尔奇说过这样一段话：“人人都希望得到高工资。当然了，这种需求很正常，也很合理。但没有人会平白无故给你一大笔钱，你至少要说服你的老板，给他一个给予你高薪的理由才行。”

我们接着说施瓦布的故事。卡内基有位被誉为天才工程师的合伙人——琼斯。当琼斯来到布拉德钢铁厂时，竟然发现已经是公司总经理的施瓦布依旧每天来得最早。于是，琼斯问施瓦布为何这般拼命。施瓦布回答道：“只有这样，我才能在第一时间掌握工地上的情况，避免出现问题，保证工程顺利施工。”工厂建成后，琼斯直接让施瓦布来帮自己，让他担任自己的助手。两年后，琼斯意外身亡，施瓦布开始正式接手这家公司，成为董事长。

很快，布拉德钢铁厂因为施瓦布的完美管理体系和尽职尽责的工作，一跃成为卡内基钢铁公司的中流砥柱。后来，施瓦布终于建立了自己的大型钢铁公司——伯利恒钢铁公司，并创下了傲人的成绩，真正完成了从职员到老板的飞跃。

“没有任何借口”，它要求在做事做人方面力求完美，达到一种极致的完美，努力提升自己的能力。就算失败，也要认真准备下一步的工作。

不要替自己辩解，工作的重心自然会转到下一步来。工作没有借口，人生没有借口，失败更没有借口，那些寻找借口的人永远不会获得成功。借口的本质是推卸责任。因此，我们绝不能让借口变成我们人生的习惯。

“没有任何借口”，它所体现的是一种绝对服从和诚实的态度，一种负责敬业的思想，一种力求极致完美的执行能力。这些都是我们应该去追求的优秀品质。认真秉承并践行这一理想，对我们的工作和学习，甚至人生，都有巨大的作用。我们不要再为自己的失败找借口推卸责任，就意味着我们离成功又近了一步。

感恩自己的敏感，它让你变得更加通透

总有一些年轻的女人在地铁上拿着二维码，走到每个人的身边，亲切地与你交谈，并请你扫描二维码。她们不是推销产品，就是要你投票。我向来是不会理会这些人的。

但我在刘清这里却出现了例外。当时她走到我的面前，轻轻看了我一眼，然后笑着说道："朋友，我前不久开了一家女性生活馆，不仅会分享日常的瘦身内容，还会分享女生间的小事，这样的活动，你愿意加入吗？"刘清不仅长得很漂亮，而且笑容也美，很容易打动人。于是，我没有犹豫加了她微信。果然，她如同我想象中的那样，根本没有过多的骚扰和问候，只是偶尔在朋友圈见到她的一些信息，不是晒身材，就是发一些生活的感悟。

之后，她给我留言，写道："我知道，你拥有很好的文采，所以我想请你帮我看看这段话，给我一些有用的建议，看它是否是一个成熟的观点。"

就这样，我们慢慢变得熟悉，并成了好朋友，但我至今没有涉足她的事业规划。后来，我问她：“ 你为何不学习其他人，拿着自己的二维码去地铁上让别人扫呢？”她告诉我：“在我看来，这种行为是很不礼貌的，并且我生性多疑敏感，微信不也算得上是半个隐私吗？”

她善于发现并体会别人的感受，一旦察觉对方不感兴趣，便会立即停止这个话题。同样的，朋友圈里朋友的感受，她也十分在意。因此，她时常替自己感到沮丧，自己心思细腻，太在乎别人的感受，总是忽略自己的感受。可她性格如此，尽管很想为自己而活，却克服不了这些弱点。

“明明说的是别人，可我总是不由自主地联想到自己，控制不住地去想，他们这样说是否是在暗示我？”

“我总是认真回复和点赞我朋友圈内的状态，可我却发现，我发的状态，一些朋友从来没有给我点赞或评论过，这让我心里很不舒服。”

“我泪点很低，经常会因电影中的一句台词而哭得很伤心，可我身边的朋友自始至终都无动于衷。”

听完这些，我发现，原来她真的是一个十分敏感的人。于是，我对她说道：“亲爱的，这完全没必要，你太敏感了！”

后来，刘清在我的强烈推荐下，阅读了渡边淳一的《钝感力》。这本书给了她很多启示，认为自己性格的敏感导致了她的不快乐。于是，她不断查阅资料，还咨询了不少心理医生，希望自己可以找到方法，治疗自己的敏感。可是，敏感是一种基因层面的特性，何必要这样嫌弃呢?

我们一旦丧失敏感，生活也必将缺少很多乐趣和快乐。

对外界事物快速反应是敏感的表象特征，其内涵主要是感觉敏锐，是一种感性特征。与理性相比，人们或许更喜欢感性，理性可以使人冷静客观，而感性却充满魅力和创造力，拥有一种神秘的爆发力。因此，与生俱来的敏感根本没有错。

如果刘清不够敏感，她也会与其他人一样，要求我去扫码，而不是那种独特的邀请方式，我想我会拒绝她扫码的要求，更不会成为朋友。

我经常收到读者的来信，在信中，他们给我讲他们自己的故事。对每一封来信，我都认真地阅读，聆听他们的故事，并在回信中写下自己的一些观点和看法。从后来的回信中，我切实感受到，我所说的话对他们产生了影响，这些来源于我的敏感，我能切身体会到他们当时的情绪和感受，所以才能说出那些感动他人的话吧!

在主持完公益演讲后，一些学生总是会私下找我询问问题。大多数的问题都是对于自己平凡的不甘心，这时我会好好鼓励他们，告诉他们，其实这不算什么，不要压抑自己的情感，想哭就哭，想笑就笑。我们自己才是这个世界上最懂我们的人，没有人走过跟你一模一样的路，更没有人懂得你的每一点感受，他们最多只能在精神层面分担你的痛苦和烦恼，充当一个倾听者。

敏感的人，通常情商很高，所以大多充满感性且富有同情心。这种心理拥有强大的力量，不容易受到伤害。所以，感恩自己的敏感，并保护好这一天赋吧。

我相信，总有一天，它会让你变得更加通透，更加清晰，你会由衷地感谢它，并直视和接受那个敏感的自己。

做事留有余地，才能让自己进退自如

《菜根谭》中有这样一句话："滋味浓时，减三分让人食；路径窄处，留一步与人行"，这是古人总结出的为人处世的智慧，与"留人宽绰，于己宽绰；与人方便，与己方便！"所表达的是同一个思想，大意是：为人处世做事说话要留有余地，这不仅是给人方便，更是给自己方便。

那些目光长远的人，从来不会说一些过头的话，更不会把事情做绝了，说话做事都会留下余地，以便回旋。而那些鼠目寸光的人，说话做事从来不过脑子，总是大揽大包，拍胸口打包票，或赌咒起誓，让人觉得这件事只有他自己能办下来，不留什么回旋的余地，显得自己很有能耐。可结果呢，事后人们便会发现，他可能只是在吹牛皮，是一个很浮夸肤浅的人！

公司最新研发出了一个项目，要求先写出一个方案来看看，这一任务被领导交由陈冉去完成，领导问他能否尽快完成？陈冉不假思索，直接拍着胸口保证道："放心吧！三天内就能完成任务。"就这样，过了三天，他没有任何动静，领导照例询问进度，这时他才半吞半吐地说道："我把这件事情想得太简单了！我需要更多的时间去完成任务。”虽然最后领导同意了他的请求，但已经开始反感他这种不过大脑就随便保证的行为。

这样的事例在职场中时常发生，说话做事不留余地，最后只能是自己出丑。我有一位朋友，脾气暴躁，说话从来不过脑子。有一次，因为一件很小的事情，他与同事发生了点摩擦，本来这也不算什么事，只是他一气之下，冲着那位同事说:“咱俩从今往后，井水不犯河水，再无任何瓜葛。”

可没过多久，公司内部进行职位调动，那位同事竟成了他直属上司。这位新领导倒也不在乎他以前说过的话，只是他感觉羞愧，自己辞职走人了！

那些空话连篇的人，就算说得再天花乱坠，也没有人会喜欢，因为说得再好，也不如实际行动的效果好，光说不做，或成效甚微，只会突显你华而不实，难当大任。因此，一个人最好低调一点，少说多做，用自己的实际行动，来证明自己的价值。杯子里有空间，所以才不会在晃动时溢出水来；气球留有空间，所以才不会因为轻微的挤压而爆炸。说话做事都留有余地，才能在意外来临时，从容转身，不让自己陷入窘境，更好地容纳这个“意外”！

给人留有余地，自古被视为一种处世智慧。“物极必反，否极泰来”

这句话出自《周易》，意思是：行不可至及处，至及则无路可续行；言不可称绝对，称绝则无理可续言。不管做任何事情，就算前进一步，也要礼让三分。古人云："处事须留余地，责善切戒尽言。"佛偈也有云："凡事不可太尽！"这些古人的话语，都在告诉我们一个为人处世的智慧——给人留有余地，就是给自己留有余地。

目光长远的人，会用动态的眼光看待这个世界，根本不会仅仅盯着一小片地方。"士别三日当刮目相待"，未来，谁都预料不到，更猜测不出来。所以，说话做事留有余地，是一种中庸之道，更是一种聪明且温和的处世方式。不说大话，别人感觉不到压力，招致厌恶的可能便会大大减小；不把事情做绝，不仅仅是给别人留一条生路，更是给自己积德。

说起来很是奇妙，这个世界总是在冥冥之中有一些很奇妙的轮回，一时的得意，总是在以后要用失意来偿还，因为很少有人能一世得意；一时的猖狂，以后也总是会陷入各种失落。因此，保护自己的最好办法就是——说话做事留有余地。给别人留有余地，就相当于给自己留下了后路，一旦发生意外，自己也能从容应对，进退自如。

明确自己的优点和缺点

我们经常喜欢用“成功人士”这一名词来形容在某些领域比较出色的人。当然了，这些所谓的“成功人士”并不是全才，不会在方方面面都很出色，他们也有缺点和不足。

可以说，乔布斯绝对能担得起“成功人士”这一称号，但这仅限于在事业方面。他身边的人评价他：他的内心住着一个他永远都无法打败的敌人——另一个自己。在事业上，他是巧舌如簧、聪明睿智的天使乔布斯；而在其他方面，他是孤傲、冷僻、急躁的恶魔乔布斯。他们彼此依靠着对方生存，就如同是生物学上的共生植物，离开任何一方，两者都无法生存。

我们来假想一下，在你回家的路上，你远远望见前面有一条看门狗，一见到你，它就狂叫不止。遇到这一情况，大多数人脑海中蹦出的第一想法就是“别叫”，脾气好的人，可能会想“或许它认识我吧！”；而脾气坏的人，则会想“这是哪家的疯狗，在这里叫个不停。”不同的人，有着各自不同的反应。但从主人的角度看的话，只会赞扬欣赏这条狗，因为它很忠诚，在尽力守护着这个家。

如果可以轻易发现一个人的优点，那我们便不会有“千里马常有，而伯乐不常有”这样的感慨了吧！当初许海峰的成绩很糟糕，跟着市射击队参加省里的选拔赛，基本上子弹全都打飞了。可省队主教练却发现许海峰的每颗子弹都命中靶心的右上方，他十分惊讶，挑选许海峰进了省队和国家队进行训练。正是这次发现和选拔，使许海峰的优势得以继续发挥下去，最终他成为奥运会冠军，拿下了中国在奥运会场上的第一枚射击金牌。

有一些人看起来很笨，实际上相当优秀！其实每个人都有一点“痴”的特征，尤其是在面对自己未知的事物时，他们的行为举动甚至显得有些搞笑。乔布斯当年从哈佛大学弃学去创业，这个举动很多人不理解，甚至嘲笑他。可几年后，25 岁的他一夜暴富，成为百万富翁，而那些当初嘲笑他的人现在又在哪里?

当你还处于“白痴”的状态时，如果有人能发现你身上的优点；当你身上满是缺点时，有人还能透过缺点，看见你“白痴”表象背后所隐藏的“天赋”，那他就是你生命中的伯乐。那些普通人，他们的感受力不足，一旦超过他们的能力范围，他们便会放弃找寻你的“优点”，反而找到并放大你的“缺点”。

每个人都具有双面性，有好也有坏。或许那些坏的东西总有一天会被淘汰。而那些好的东西，与时俱进，不断焕发着生机。所以，想要获得成功，就必须无限扩大自身的优点。

“伯乐”难寻，但我们可以从自己这匹“千里马”入手，率先发现自己的优点！每个人都像乔布斯，内心有一个自己永远无法战胜的敌人。所以，我们自己才是我们真正要面对的障碍。只有当你自己发现并依靠自身优点的指引，才能真正掌握自己的人生。

“人生的成就或结果 = 思维方式 × 热情 × 能力”这是日本“经营之圣”稻盛和夫总结出来的人生方程式。思维方式位居首位，由此可见它的重要性。你的成功与否，与自身所具备的素质有直接关系，也就是说，你自身优缺点的综合直接决定了你的人生。

稻盛和夫曾经在创业初期拜访过一位银行行长，在交谈期间，他不经意间透露出自己崇拜松下的创始人松下幸之助。刚好这位行长认识松下幸之助，便对稻盛和夫说道：“年轻时，松下幸之助还没有你成熟平稳，很是任性妄为。”但稻盛和夫认为这只是松下幸之助尚未成功之前的缺点，不具有代表性。自己并不赞同这个说法。他表示，松下之所以能获得成功，主要因为他一直在不断发展和完善自我。结果，两个人最后不欢而散。后来，稻盛和夫见到了松下幸之助，更加认定自己观点的正确性。他相信自己，相信自己的正面思维，相信自己能发现成功者身上所具有的共性和规律。稻盛和夫也相信人都有缺点，但关键在于，这个人是否能在以后的日子里不断改进，把缺点变为优点。当一个人的自我意识在不断改善提高，那这个人的性格自然也会出现改善和提升。

我们可以试着坦诚地问自己：我的优点和缺点到底是什么？如果可以回答上来，那再运用稻盛和夫的“人生方程式”，测算未来的自己有多大的成就。

一个人身上必定有优点，也有缺点，但人最终获得的成就，还是要依靠优点取得。

坦然接受现实世界的一些不公平

我们总是能听到有人在抱怨，抱怨这个世界的不公。的确，这个世界本来就很不公平。从生命的出现开始，这个世界就充满了不公。在虫子看来，鸟儿的存在是这个世界对它们的不公平；同理，蜘蛛与苍蝇，猫与老鼠，老鼠与粮食……这是自然界的弱肉强食，每一阶层的生物链上都存在着不公。

有些人含着金钥匙出生，一生下来就是豪门子弟，无需为生计发愁，他们就算顽劣成性，不学无术，但生活依旧富足。而有些人出身卑微，尽管已经竭尽全力去拼搏，可生活依旧充满了艰难。对于那些生活在战乱地区或突遭天灾人祸的人而言，这个世界更是对他们不公平。

从小，李杰和陈烁就一起玩耍，一块长大，到了十八岁那年，两个人一起参军，又幸运地分到同一个军营。可以说，这两个人的生活轨迹在军医大学毕业前几乎完全一样。毕业后，因为父亲的关系，陈烁被分配到某市的大医院里；而没有人脉的李杰则只能作为军医，被分配到了边防站。

知道李杰遭遇的朋友，纷纷替李杰感到不平，然后李杰却什么都没说，只是独自踏上远行的道路。

在这接下来的三年时间里，陈烁安心地在大医院里工作，还利用闲暇时间不断与各种女孩交往；尽管边疆的生活很苦，但李杰从未中断过学习。在那里，他得到了更深层次的历练，懂得了珍惜生命，医术也得到了快速提升；而陈烁则选择了北上读研，但因为学习不努力，导致考试挂科，被迫留级，各种争执和吵闹也摧毁了他的爱情，最后他跟女友分手了！

从边疆回来之后，李杰来到一家小医院工作，并收获了一份爱情。因为高超的医术，他很快成为当地有名的大夫。在他 32 岁那年，他顺利考上了研究生，后来又以优秀的成绩获得了攻读博士学位的免费名额；然而陈烁却接连失利，好不容易磕磕绊绊地熬到硕士毕业，考博却一直没成功，甚至在一次手术中发生了失误，慢慢遭到主任的冷落，事业几乎处于停滞状态。突然有一天，陈烁惊呆地发现，李杰竟然成为他们新来的副主任。

的确，李杰和陈烁在最初走出大学校门时，两个人的境遇很不公平。然而，李杰并未因为这个不公平而垂头丧气，更没抱怨和唉声叹气，而是勇敢地接受这一现实，并通过自己的不懈努力去改变现状。最终，他成功了，他成功等来了属于自己的机会。

俞敏洪曾说过：“这个世界本来就不公平，更不会因为你的抱怨而有所改变。但最重要的是，因为这个不公平，你做出了怎样的努力？”

刘伟，2012 年感动中国十大人物之一，他曾用自己的双脚，在中国达人秀的现场弹奏了一首《梦中的婚礼》，曲子刚一结束，全场所有人倏然起立，为他献上雷鸣般的掌声。

1997 年，因为意外触电，年仅 10 岁的刘伟失去了双臂。幸好，他在医院做康复治疗时遇见了他生命中的一位贵人——北京市残联副主席刘京生。刘伟很是震惊，同样失去双手的刘京生竟然可以独自吃饭、刷牙、写字。这也让他羡慕不已，决定开始向他学习。

两年后，刘伟克服重重困难，回到学校学习，并在期末考试中拿到全班第三的好成绩。他自豪地说道：“从那时起，我努力地学习，只要我想学，任何事情我都能学得会，而且比别人学得快，做得好！”

2002 年，刘伟第一次看到了世界杯直播，他沉睡多年的运动员之梦就此被唤醒了！尽管知道自己的足球梦早已破灭，但刘伟不甘心，他重新审视自己，决心成为其他项目的职业运动员。12 岁那年，刘伟开始投入到游泳这项运动的学习中，并经过不懈努力，成功进入到北京残疾人游泳队。在两年后的全国残疾人游泳锦标赛上，刘伟取得了两金一银的好成绩。当时，刘伟就对母亲许下诺言：在 2008 年的北京残奥会上，自己一定要拿回一块金牌。

就在他积极备战奥运会时，命运又跟他开了一个天大的玩笑。高强度的体能消耗让他的身体苦不堪言，并导致他的免疫力急剧下降，患上了过敏性紫癜。医生告诉刘伟，必须立即放弃训练，不然连生命都会有危险。经过了再三权衡，刘伟迫于这残酷的现实妥协了。他继而将希望放在音乐上面，一确定目标，刘伟就立即找了一家私立音乐学院，准备前往学习。然而这家学院的校长却拒绝了他，理由是担心他影响校容。

刘伟并未因此而气馁，并开始用双脚来练习钢琴。要知道，就算是正常人，想要练好钢琴也是很难的，而且很多人用手练了许多年，也未必能有成绩。更何况，刘伟还是一个残疾人，还是用双脚弹琴，这要付出多大的努力才能学好钢琴呀！刘伟每天练习钢琴的时间超过 7 小时，他说："每天我过着三点一线的生活——练琴、吃饭、回家！日复一日，承受着精神和体力的双重考验！"

因为练琴，刘伟的脚趾头一次次地被磨破，在实践中，他也逐渐摸索出如何让脚和琴键和谐相处。同样的，在音乐方面，他有着跟足球和游泳一样惊人的悟性。经过一番努力，他成功站在了维也纳金色大厅上！

不管命运是如何的不公，刘伟始终都没有放弃对人生的追求，面临一次次命运的不公，他选择坦然面对，并一次次地战胜它。没错，这才是人生。面对现实世界的不公，我们只有依靠自己的努力和汗水，才能突出重围，才能战胜不公，获得重生。

藏巧守拙是一种人生大智慧

总有一些人，喜欢逞强、爱显摆，想在任何场所表现自己，甚至不惜压倒别人。尤其是在领导、上司等一些大人物面前，他们更是如同打了鸡血一般，拼命地表现自己的不凡。然而，这种人往往很难得到他人的青睐，而且真正有能力的上司也很难看好他们这种华而不实、爱夸张的行为。

我有一位朋友，他做过许多年的职业经理人，在分析职场新人的发展问题时，他说道："那种脚踏实地、专心做好分内事的员工才是许多公司老板真正喜欢的员工。过度的表现只会让人产生反感，没人会喜欢那种事事都要表现掺和的人，同样的，新人更是如此。"

业界一家知名审计公司刚招聘了一位新人，名叫小华。刚来时，小华充满热情，工作积极，与人相处也不错。可刚过三个月的试用期，他便暴露了很多问题。领导接到了众多员工的反映，说小华他事太多，总是喜欢打听公司内部的事情，而且不分场合，甚至在公共场所对一些相对机密的事情刨根问底。听到这些，经理便特意留了个心眼，暗中观察他。

很快，经理就发现，不管与自己有没有关系，小华都喜欢打听，只要有人在汇报事情，他都会竖着耳朵去听。有一次，一位同事就下个月计划报表向经理汇报工作。恰好当时小华也在场，经理用余光看一眼小华，发现他停下了手中的工作，专心致志地听他们谈话，唯恐落下一句。对此，经理十分反感，认为此人不认真做好自己分内的事情，心思不在工作上，在与自己无关的事情上太积极了！后来，经理还发现，小华不仅爱听，还喜欢发表意见，甚至还想在他不懂的领域插上一手，参与其中。

一次，公司财务部门需要紧急处理一个复杂的表格，经理找到部门中的几个老员工进行沟通，当时小华也在场，并且像往常一样在偷听。没过多久小华自告奋勇，走进经理办公室，请求经理让他试一试。这让经理哭笑不得，要知道，职场中有一个基本的常识：一般来说，公司财务比较机密，新人是不能参与其中的。后来，类似的情况发生了不少，经理也多次提醒，可小华屡教不改，依旧喜欢到处表现，导致公司的同事都很反感他。没有办法，公司只能找个理由，辞退了小华！

那些喜欢表现的人，通常不够沉稳，也不懂得藏巧守拙。古人云：“木秀于林，风必摧之；堆出于岸，流必湍之；行高于人，众必非之”，换句通俗的话说：“枪打出头鸟”，这些讲的都是过于表现自我、锋芒毕露者的下场。过于显眼，锋芒毕露，就容易遭到他人的妒忌和排斥。只有善于藏巧守拙，善藏锋者，才能更好地生存下去。真正的君子，才华不露，聪明不逞，拥有任重道远的力量。

可以说，曾国藩是藏巧守拙中的高手！他之所以可以在复杂的官场上巧妙避祸，仕途上一帆风顺，并使自己的家族长盛不衰，在很大程度上要归功于他懂得藏巧守拙的智慧和通晓其利害关系。

1684年，曾国藩携兄弟率领湘军，击败太平天国，攻破天京。一时间，曾国藩及其家族名声大噪，国人几乎无人不知，无人不晓，皇上很是振奋，决定对曾氏家族大加犒赏。可曾国藩却认为这并不是好事。出于对官场的敏感，再加上这多年来官场的经验，他明白：现在的自己功高盖主，十分危险，稍不留神，就可能危及身家性命。于是，他上奏朝廷，主动要求裁撤军队，节省军费。经过几番请求，朝廷最终答应了他的要求。在自己最名声显赫的时候，主动要求裁军，而且裁的是自己一手培养出来的湘军，看似失去了权势，却是最明智的选择。他通过这种“藏巧守拙”的行为，保全了自己的美名。

与此同时，曾国藩还奏请其弟曾国荃因病开缺，回籍调养。尽管曾国荃曾一度不理解，甚至埋怨他的哥哥，但曾氏能在风云变幻的清末官场平安地走到最后，这足以证明曾国藩的行为具有先见之明，实属明智之举。

曾国藩的守拙来源于对官场的敏感和人性的洞察，这是一种自我保护的生存之道。藏巧守拙与锋芒毕露，这是两种完全相反的处世之道。的确，想要获得事业上的成功，就必须施展才能，但何时该显露，何时该隐藏，却是一门很大的学问。不分时机，不分场所，不眼观六路耳听八方，随意地乱显摆，就很容易遭到失败。

有才华固然是件好事，但是过于炫耀自大则会弄巧成拙，遭到轻视和敌意。才露过甚者，智者不屑之。想要展示自己的才华，就必须用谦虚的态度展示，甚至在必要时，学会掩饰自己，放低姿态。“智而示以愚，强而示以弱，能而示之不能，用而示之不用”，只有这样，你才能蒙蔽对手，在人生的道路上争取主动。

藏巧守拙，一种聪明的为人处世之道，它不是懦弱和畏缩，而是人生的大智慧、大境界。

Chapter 6

×

正能量比智慧更重要

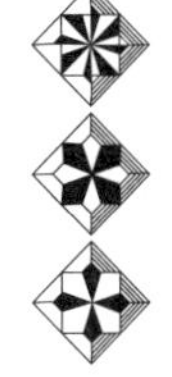

心态决定一切

美国西点军校有这样一句名言：心态决定一切。

我们耳边也总能听到这样一句话：心态决定命运。那心态到底是什么呢？心态就是你内心深处对这个世界的看法。这句话并不夸张。我们之所以能在一生中取得一定成就，依靠的是什么？教育、环境、智慧等，的确，这些看起来都十分重要，但最重要的是拥有一颗积极向上的心，如果没有这般良好的心态，我们的一生就很难取得成功。

同样极度口渴的两个人，在他们面前放半杯水，内心消极的人会说："只剩半杯水了，真是倒霉！"但内心积极的人却会说："实在太好了，还有半杯水可以喝！"不同的心态所说的话不同，造成的结果也不同，不是水带来的快乐，而是在面对这些水时，人们乐观的心态所带来的快乐。

心态，不仅仅会影响一个人做事情时的角度和思路，更决定着一个人一生所能达到的高度。

一家公司的老板发电子邮件给另外一家公司的经理，可连续发了好几次，都被退了回来，没有发送成功。于是，经理让秘书前去查看原因。秘书做事消极，她认为自己做这种事情完全是大材小用，经理总是在剥削、压榨她，内心十分委屈和不快；另一方面，她内心很不平衡，每天看着经理开着豪车，进出的都是高档场所，什么都不做，生活还十分体面，再看看自己的处境，内心很不畅快。她的心态一直十分消极，也没去查到底是什么原因造成的无法发送，便告诉经理，说可能是邮箱满了的缘故。

就这样，一周时间过去了，经理依旧没有收到邮件，而秘书的回答照样是邮箱太满，过一段时间就会恢复的。结果，因为在联系上耽误的时间太长，两家公司的合作被迫取消，这让公司经理十分恼怒，立即开除了秘书。

在另一位秘书身上，发生了同样的事情，但结果却不相同。这位秘书并不是毕业于985、211名校，而是自己通过参加自考获得了本科学历，然后来到这家外贸公司的。本来，她应聘的意向是经理秘书，可最后却被调剂为文员。文员，既没技术含量，工作又枯燥，平常主要是发发传真、打印文件之类的工作。可她还是接受了这份工作，因为她觉得现在自己能找到工作就很不容易了。她认为，既然自己已经选择了这份工作，就要努力把它做好，虽然十分简单，但也不能眼高手低。于是，她努力工作，一丝不苟地完成每一项任务，毫无怨言。

有一天，公司经理让她去复印一份合同，十分着急，说公司等着谈判时用。接到合同的她，依旧照例快速浏览了一遍，看她在一旁拖拉，经理有点忍不住，想要去催促，就在这时，她告诉经理合同可能出现了一处错误。经理急忙去看，这一看不要紧，吓得他出了一身冷汗，因为匆忙，他在写金额时多打了一个零。就这短短几秒钟，公司避免了几百万的损失。很快，她就被经理调到了身边，成为经理秘书。

同样是从事秘书工作，可为何这两个人的待遇有这么大的不同呢？原因就是心态。第一个秘书，因为心态消极，导致做事消极，更不会在乎自己的行为会造成什么严重后果，试问，哪个老板敢用这样的秘书呢？而另一个秘书，认真做好每一件小事，哪怕这件事情再不起眼，她也会全身心投入，力争将它做到最好。对于自己额外的工作，她也一丝不苟，认真完成。尽管在学历上存在不足，但她认真负责的态度和积极向上的心态已经完全弥补了这种不足。

一个人拥有再高的学历和天资，却没有一颗积极向上的心，做事再马马虎虎的，便很难取得成功。那些取得成功的人，往往内心积极向上，充满正能量。

世上无难事，只怕有心人。想要完成一件事，我们就必须不怕苦，不怕累，坚定地朝着这个方向前进，展现出我们的热情和活力。只有这样，我们才能直视人生的各种挑战，绝不气馁，最终获得成功。

《世界上最伟大的推销员》这本书被很多顶级的销售团队奉为圭臬。这本书中到处都充满了正能量，可以激发他们的热情，让他们勇往直前，提升自己的业绩。对于这本书，我很认同，便简单节选了一部分，让大家来感受下：

不要计较成败，一个从来没有失败过的人，很可能是一个从没有尝试过什么的人。

我的幻想毫无价值，我的计划渺如尘埃，我的目标不可能达到。一切的一切毫无意义——除非我立刻付诸行动。

我不是为了失败才来到这个世界上的，我的血管里也没有失败的血液在流动，我不是任人鞭打的羔羊，我是猛狮，不与羊群为伍。我不想听失意者的哭泣，抱怨者的牢骚，这是羊群中的瘟疫，我不能被他传染。失败者的屠宰场不是我命运的归宿。

成功，是多方面协调和努力后的结果。但是，如果没有一颗积极向上的心，就算拥有再多优秀的条件，也很难获得成功。因为，与智慧相比，正能量远远更重要。

当无法躲避时，就坦然面对

不管选择是什么，都需要坚持。不经历层层磨难，就想获得成功，那是几乎不可能的事情。只有走过了许多弯路，达到胜利的彼岸，你才会明白，这一切挫折和磨难，只不过是上天的考验罢了。

王刚，他总是犯错误，因此有了“问题先生”的绰号。因为不喜欢这份工作，便总是出现问题，领导为此经常责备他。他每次参加的资格考试都以失败而告终，他没有反思自己，把原因全都归结于考试制度的不合理；他一直没有对象，认为女人都太物质、太现实，没有人能配得上他。他还经常在工作中与同事发生口角。在你的身边是否存在这样的人？或者你本身就是这样一个人？

高中生沉迷于虚幻的网络；大学生啃老不愿工作，给自己找各种各样的借口，难道仅仅是为了去追寻那所谓的自我？这是在逃避现实生活吧！在我看来，这些人只是在自欺欺人，是在拒绝成长。

很多大龄单身青年，他们不愿结婚，拒绝接受婚姻的束缚。我有时很困惑，他们到底是没有遇见合适的人，还是在害怕，害怕面对未来自己将要承担的责任。

在困难面前，有多少人在用“阿Q精神”麻痹自己。“就这样吧！”“本来这就不是我的错”等，这一切都是借口，只是不愿去面对罢了！

很多人说，现在这个世界变化得太快，我还没应对好这一步，下一步就到了，根本没时间和精力去思考和判断。于是，很多人便得过且过。

这类人有着很多相同的特点，表情麻木，两眼空洞无神，喜欢抱怨。

在犯错后，大多数人总会拼命找借口，拼命地把自己撇干净，将一切责任推到别人身上。

其实错的不是别人，正是他自己。

这类人最大的通病就是在困难面前选择逃避。他们根本意识不到自己存在的问题，更不用说纠正这些问题。并且，这群人也不会承认自己的错误，因为一旦承认，就意味着他们自己否定了自己，否定自己就意味着这些年的努力失去意义，支撑他们的信念也随之崩塌。依靠别人安慰的目光，我们自我安慰，给自己编织一个个美好的梦。可我们真能骗得了自己吗？最后的选择还不是逃避？可为了这些，我们付出的代价也太大了吧！

一遇到困难，就想逃避，逃避之后就会产生新的麻烦和痛苦。这样拖拖拉拉，只会不断消耗我们的时间和精力，长此以往，它会吞噬掉我们的心，磨灭我们所有的骨气和希望，使我们的心灵逐渐变得扭曲，性格变得暴躁。既然惨痛的人生无法避免，那为何不勇敢面对呢？在逃避时，人内心的压力根本不会得到舒缓，一旦不由自主地开始乱想，问题便会迅速扩大。

每个人的内心深处都隐藏着一些只属于自己的小秘密，在这个心底的黑洞里，藏着自己所有不堪、肮脏和遗弃的东西，阳光照射不到这个地方。人们单纯地相信，只要看不见，摸不到，这些东西就不复存在，人最擅长的就是自欺欺人。

在现实生活中，我们总是避免不了会面临各种问题。当问题出现时，我们不应逃避，而是应该积极地寻找办法应对。这个过程很可能会使你痛苦不堪，甚至思绪全无。但是，只要我们勇敢去面对，才能得到解决问题的正确办法。那些令人痛苦、抓狂的感觉也会随之慢慢消失。

不管摆在你面前的道路是什么，是泥泞，还是沼泽，是悬崖峭壁，还是荆棘丛林，只有我们直面这些绝境，才会知道下一步该怎么走，就算没有路，我们自己也可以去开辟一条新路。我们不能永远选择逃避，也不能给自己找寻任何理由。只有真正认识自己，勇敢地面对自己的内心，认清自己的情感，才能踏上正确的道路。这个过程必然不会让人那么舒服，但是，你必须学会笑着接受。

年少时，我们抱怨自己经历了太多的痛苦和磨难，到了中年，我们才会明白，我们所拥有的最宝贵的财富，正是这些曾经经历过的痛苦。只有经历过大风大浪，人才会有能力去肩负起未来的重任。

既然人生无法选择逃避，那就坦然面对吧！收拾好行装，带着自信和激情走向未来，创造出一片只属于自己的天空。

含泪奔跑的人，才是真正的强者

人类之所以可以不断地向前发展，最主要的原因便是人类的求知欲永远不会得到满足。有些人之所以能变成强者，是因为他们不安于现状，希望自己可以活得更加精彩。面对困难，他们绝不妥协，拼尽全力去奋斗，就算把自身弄得伤痕累累，也绝不放弃。

在一个地方待得时间长了，人便舍不得离开。这不单单是语言、水土、饮食等因素的影响，更主要是依赖感。来到一个陌生的环境，一个人无依无靠，会感到十分的不适。没有人能够帮助你，只有依靠自己才能活下去。只有自己才能拯救自己。

不管任何时候都要保持自身的独立，任何时候都要有自己的工作，这才是一个人最大的依仗。出门打拼和在家享福，这是两种截然不同的生活状态。出门在外，要学会自己照顾好自己，做一个强者，顶住各方面的压力。

就算你整天吃着泡面，那也没必要告诉远方的家人，因为你已经是成年人了，不应再让亲人担心，更不应做出一副养活不了自己的样子。你再也不能任性地随意调换工作，因为你工作的目的不仅仅是为了工作，更是为了梦想和生活。这也是人生成长道路上必经的阶段。

每个人都会经历痛苦，但痛苦绝对不能成为你放弃的理由。尽管外面狂风暴雨、电闪雷鸣，但我心依旧晴空万里，这才是人内心所能承受的最高境界。

可以说，雄鹰的一生都是在磨难中成长的。一出生，雄鹰就要接受磨难，独自飞翔仅仅是最初的一步，它要在不断尝试后才能获得母亲嘴中的食物。之后，母亲会把它带到悬崖，一次次从高空扔下它，如果它不能及时展开双翅，就要面对粉身碎骨的结局。经过这种残酷的训练，雄鹰才会具备生存的本领，才能在这弱肉强食的世界中活下去。

我们也要像雄鹰一样，经历各种磨难，才能收获自己的幸福。过程当然非常痛苦。但我们想要获得成长，想要变得更加坚强，就必须这样做。“置之死地而后生”讲的就是这个道理。对于力量，我们都十分渴望，希望它可以增加我们坚强的资本，让我们未来的道路更加顺畅。然而力量的获取却不是一朝一夕的事情，它需要我们不断地去积累和练习，只有拥有敢于直面一切的勇气，才能直视未来。

所有的成功和努力都是成正比的。在战场上，只有你准备得越充分，才有更多的机会活下去。

每当自己想要退缩，不愿承受时，你问问自己的内心：就现在自己这个姿态，是否能在机会来临时抓住它?

上天从来都是公平的，机会更不会去垂青一个空手等待它的人。一个人的行为最能反映他的态度。一点点困难就停滞不前，不愿承担压力，不会迎难而上，这样的人在任何工作领域都不会得到重用。就这样，一次次的机会与他擦肩而过，只留下无尽的懊悔和自责。

不逼自己一把，永远不知道你到底能有多优秀。我一直相信一个观点，人拥有无限的潜能，只是绝大部分没有被激发出来罢了。那些所谓的强者，并不是不会流泪，只是他们会一边流泪，一边奋力奔跑。

人类与动物最大的区别就是人类懂得克制自己的欲望。之所以人类能不断进化，是因为人类努力解决生活中的困难，积极探索未来的道路，永远不甘于满足现状。

对内不断反省和挣扎，我们的心智才会越发成熟；对外不断斗争和反应，我们的力量才会得到增强。正是这种不断对生命的探索和对知识的欲望，才促使你追逐梦想的脚步绝不停止，激励你不断前进，使你可以更加专注现实，看清自己的梦想。

就算是配角，也要活得精彩

如果人生是一个大舞台，那每个人或许都希望自己是主角吧！只可惜，主角名额总是很有限，我们大多数人都只能是配角的命运。但是，如果一部戏只有主角，没有配角陪衬的话，那也无法获得演出成功。如果我们只能当配角，同样也需要全力以赴，力争做一个最精彩的配角。

“红花还需绿叶配，主角还要配角衬。”没有绿叶的陪衬，就算再娇艳美丽的红花，也很难显示出自己的娇艳和美丽。可惜在现实生活中，很少有人甘愿扮演配角，更不甘心充当他人的陪衬！

“花的事业是尊贵的，果实的事业是甜美的，让我们做叶的事业吧！因为叶的事业是平凡和谦虚的。”这句话出自法国大作家雨果之口。众所周知，阿姆斯特朗是第一个登上月球表面的人，当他登上月球表面的那一刻，整个世界都沸腾了。同时，他所说的话，也瞬间传达到地球的每一个角落，“这是我个人的一小步，却是整个人类跨出的一大步。”而当时的奥德伦也登上了月球，可惜并没有太多人关注他，因为他比阿姆斯特朗稍微晚登陆了一会儿，是第二个登上月球表面的人。

在后来的记者招待会上，奥德伦遭到了一位记者刻薄的提问：“此次登月，阿姆斯特朗第一个登上月球，而不是你，你是否感到遗憾？”话音一落，气氛就变得很是尴尬，但是奥德伦十分机智，马上回答道：“但在返程时，第一个从别的星球返回到地球的人却是我！”全场瞬间响起了震耳欲聋的掌声。

的确，在此次登月计划中，奥德伦出演的只是一个配角角色。但是，作为一个配角，他丝毫没有表现得比主角差，因为他的谦虚和奉献，促使整个团队获得了成功。就冲这点，就值得我们学习和尊敬。

每一个演员都很重要，哪怕你只是一个跑龙套的。周星驰在《喜剧之王》中饰演的尹天仇就是一个小人物，这个小人物为了实现自己的演员梦，宁愿在片场中不断跑龙套，严格按照导演所说的话做。就算火烧到身上，非常疼痛，但只要导演没有叫停，他都坚持扮演好自己所饰演的角色，绝不让自己导致电影的拍摄有所延误。尹天仇正视自己的角色定位，真正发挥出自己所能带来的最大能量。主角有“最优”这一说，配角同样有“最佳”这一词，这两者的地位是平等一致的。

一说起配角，我们很容易想起香港影坛的“神级顶配”，人称“达叔”

的吴孟达。作为一个配角，他成功地成为香港著名的喜剧演员，而且还取得了电影史上最有名且成就最大的配角。从事电影行业数十年来，他从未担任过主角，在每部电影中担任的都是配角，如乞丐、父亲、老师、场工等小人物，尽管是小角色，但他演绎得活灵活现，丝丝入扣。

吴孟达说："在一部 90 分钟的电影中，只有不到 20 分钟会是配角的戏。我所负责的就是配料。就好比主角是一条鱼，而我就是那锅底的配料，我需要思考放入什么调味品才能更好地做好这条鱼。"

其实，好的配角所发挥出的作用，完全比得上一个主角。配角的戏份大都不多，一般都是由功底和演技扎实的老戏骨来担任，以便给观众留下深刻的印象，给作品起到画龙点睛的作用。

在现实生活中，一个人往往同时出演众多角色，既演主角，又演配角。但是不管出演的是什么角色，我们都必须找准并正视角色的定位，做好自己的事情，将自己的个人价值发挥到最大。

也许每个人都想成为参天大树，不想成为弱小的小草；都希望成为汹涌的大河，而不是山间的小溪；都愿成为灼热耀眼的太阳，而不是时隐时现的星星。然而，你是否想过，当我们所有人都去做那些大树、大河、太阳时，这个世界是否还有秩序，是否还能美好。虽然免不了会成为小草这类不起眼的小人物，但是，只要我们摆正心态，依旧能活得精彩。当你真正具备当配角的心态时，你就会发现，不管自己到底是什么，只要用心努力去做，生活依旧充满美好！

无所畏惧

多年前的一个夏天，我独自一人去了广州。在那半个多月里，我参加了好几次招聘会，来来回回面试了四十多场，可天不遂人愿，我始终没有找到工作。

后来，我从广州去了泉州，又辗转到福州，之后又去了石狮，最后到了晋江。眼见身上除了最后回家的车票钱，全都要花光，快要撑不下去了。我躺在宾馆里，认真盘算着剩余的钱，不知道是否该坚持下去。

再加上正值闷热的夏季，我格外心烦。隔壁有位大哥，他跟我一样，都是听说这里有招聘会，急忙从外地赶来的。他抽出一根烟，问我是否需要来一根？我拒绝了。

第二天一早，那位大哥急性肠胃炎发作，当时只有我在，只能陪着他去医院打吊针。好不容易输完液，他的情况才有所好转。那两天，我们聊了很长时间，也谈论了很多话题。

就在输液的第二天，一个公司给大哥打来了电话，让他去面试。我劝他养好身体再去，可他怕错过机会，答应去面试。于是，我只好陪着他去公司面试。不曾想，我在这里也得到了工作的机会。

经过一段时间的实习，我从本地分公司被调到了公司总部。总部位于一个小镇，临海，距离这个城市的滨海大道十分近。可我根本没时间去走走看看，我所有的时间都在忙工作。尽管总部这边的条件艰苦，但我依旧努力工作。我不想让自己的汗水白流，不想让自己白走这一遭，就算再难，我也要熬过去。

没有理由，也不需要解释。现实就是这么残酷，道理只能你自己去领悟，没有人会帮你。

就这样，我终于得到了老板的赏识，但工作也因此变得更加忙碌和琐碎。刚做管理层，凡事都要亲力亲为，生怕哪个环节出现差错。南方的冬天非常阴冷，还没有暖气。幸好自己工作的地方有空调，还有一台电脑，虽然上不了网，但能写点东西，看些电影，这已经让我很满足了！

我找出公司历年来这个岗位的全部资料，一一对比，看自己与别人比到底差在什么地方，然后记录下来，找寻解决的办法。我的解决办法得到了老板的认同。

这份工作我做了 4 年，在认为自己已经准备妥当时，我提出了离职，同时也在上海找到了一份动漫相关的新工作。紧接着，我收拾好行李，来到了上海。可没想到的是，我竟然在公司的走廊上度过了我来上海的第一个晚上。尽管晚上睡觉的时候很冷，但这丝毫也没有影响我的心情。新宿舍尚未安排妥当，一切只能等。

我这次来到上海，可以说是背水一战。可五天后，公司主管来告诉我："好像你并不是那么了解日本，日本的动漫有很多，并不是只有宫崎骏。而且你的日语也不怎么好，唯一能拿得出手的就是你的文采。一旦我们找到比你更优秀的人，你可能会在第一时间被辞掉，所有你要做好心理准备。"

没错，这就是公司惯用的伎俩，尽管你知道他们的意图，可你还要为这句话付出努力。在接下来半年的实习期，我拼命学习日语，每天最后一个离开。并且像当初那样，看完了公司这十几年来的所有策划案，强迫自己每天去了解和学习日本的动漫文化和知识。

当然了，因为我的努力，公司没有辞退我，并且现在我已经从最初的员工做到了后来的管理层，工资也涨了三倍多，完全不用像以前那样，天天做苦力。我现在每天所做的事都是自己喜欢的事情，并且对我而言，生活几乎没有任何压力，这在以前，全都是奢望。

我自己坚持选择的道路，就算遇见再大的困难和误解，我都会坚持下去，绝不后悔。这份工作，我很喜欢，便会更加努力地做好，这样才会对得起自己。我想留在这个城市，也一直笃信自己会留在这座城市，就这样，十年过去了，我在这座城市生活整整十年。

我很胆小，怕被别人轻视，怕被别人看不起，更怕别人的拒绝。但我不怕失败，更不怕挫折。因为我知道，只有经历过，才会明白一些东西。并且这些东西会慢慢深入骨髓，让你变得更加勇敢，更加无所畏惧。

很多时光陪伴我们的只有自己

每个人的一生，都会流泪，都会有过不去的坎儿。不要期望你每一次流泪时，都会有人在身边陪伴，给你肩膀依靠。人生的很多阶段，只能自己一个人走，你所能依靠的也只能是你自己。很多时候，漫漫长夜和寂寥人生，有且只有我们自己能陪伴自己。

第一次见到阿泰，是小丽坐火车去江西景德镇的时候。那是一个美丽的春天，小丽准备独自外出，准备看看外面的世界。尽管窗外阳光明媚，一幅五彩缤纷的繁荣景象，可小丽的心里却一片阴沉，她一直在单曲循环听着阿桑的《一直很安静》。

也不知道是谁说的，听悲伤的歌能缓解悲伤。就这样，小丽用这种方式“疗伤”，可谁知，听着听着，眼泪如同决堤的河水，一发不可收，她再也控制不住自己悲伤的心情，大哭了起来。

小丽一直沉寂在悲伤之中无法自拔，这让坐在她对面的阿泰看不下去了。他一把将小丽的耳机扯下，说道：“我说，你哭够了没有？你已经哭了半小时，同样的，我也听了半小时。”

突然的这一举动吓到了小丽，但是她很快就缓了过来，小声地说道：“你算什么男人？好歹我也是一个女孩子，你难道就不知道要安慰一下？你戴着眼镜，手中拿着书，看着这般斯文，全是装模作样吧！一点都不懂得体贴别人。”

阿泰没有理会她！

这把小丽气得不轻，虽然自己不算倾国倾城，但起码是个公认的美女，平时更是没有男生敢这样怠慢她，可眼前这个家伙，一点都不讲礼貌，而且连正眼都不曾看她一眼。

阿泰依旧没有理她，认真地看着书。没过多久，小丽的眼前出现了一本书，书上用笔写着一排字：“女孩，你要记住，在这个世上没有人应该对谁百依百顺。不会因为你的漂亮或可怜，这个世界就对你温柔以待。更不可能在你每次哭泣时，刚好有人出现在你身边，给你依靠。说到底，靠人不如靠己。只有把那个最值得依赖的人变成自己，才能解救自己，也能解救别人。”

看完这段话，小丽望向窗外，陷入了深思。的确，凭借自己的相貌，只要表现出可怜的样子，便会有一大群男生围过来嘘寒问暖，几乎每次都屡试不爽。小丽深谙其中的道理，知道如何激起男生的保护欲。每一次的哭泣，小丽都能换来一个短暂的依靠，可这不是小丽想要的，她想要长长久久的爱情。

快到终点站了，阿泰轻松地拿下行李，小丽却发了愁，自己的行李该怎么办呢？当初是旁边一位大哥伸出援手，帮小丽放上去的，可现在就她一个弱女子，怎么能搬得动那么重的行李呢？然而周边的人全在忙着自己事，都在忙着收拾行李，根本没人注意到她。

小丽嘀咕道："像我这样的女孩子，根本不应该自己拿行李箱的。"就在这时，她看见旁边一个比她还矮上半头的娇俏女孩，正站在座椅上，从行李架上艰难地取下行李。这让小丽很吃惊，在她看来，这类女孩往往都是柔弱的，需要别人的帮助。

眼看火车马上就要停稳了，可自己的行李依旧在行李架上放着。小丽急忙环顾四周，想找位男孩帮助下自己，可每个人都在忙着自己的事情，根本没人能顾得上自己。最后实在没办法了，她只能自己去拿行李。这时，她才发觉，这根本没有自己想象中的那么困难，自己的行李也不算多，很容易就取了下来。

紧接着，在景德镇的一片花海里，小丽与阿泰再次相遇，两个人各自赏着花，之后互道一声再见，然后就分开了。

天色逐渐暗了下来。小丽独自回到了宾馆。可命运让他们再次相遇。小丽从没想过，自己竟然会在一天内跟一个男人偶遇三次。

宾馆的老板是镇上的一位农民。老板一家四口人，有两个可爱的孩子。今年老板娘五十多岁了，豁达热情。刚进门，小丽就看到老板娘在削山药，阿泰在旁边洗手，看样子，他们两个人十分投机。

小丽没有理会阿泰，却看见阿姨手上竟然开始出现一些发红的小点，便急忙问道：“我小时候第一次削山药皮时，手也起红点，而且特别痒。从那以后，我再也没有吃过山药，尽管它的味道很香。阿姨，难道你不怕痒吗？”

老板娘继续刮着山药皮，笑着说道：“不打紧，忍一忍就过去了，我们山里人皮厚着呢。”

言者无意，可听者有心。

小丽开始反省，为何自己身边有这么多人，却没一个人愿意留下来一直陪着自己呢?

就在小丽处于一片迷茫时，阿泰递了一张纸条给她：在你想哭时，别人能给予你一个依靠的肩膀，这不是美好的人生；真正美好的人生，是你在准备一个人挨过去时，有人能借给你他的肩膀，依靠在这个人身上，你能清楚感受到他的每一次呼吸，更能体会到两颗心怦怦地跳动。

看完之后，小丽会心一笑。她决定，从现在开始，她要努力，努力学习更多的知识，赚取更多的钱，希望在未来的某一天，她能跟自己爱的人游遍祖国的万里河山。

也许有一天，小丽与阿泰会再次相遇。届时，小丽可能会借给阿泰她的肩膀，去聆听他心里的故事。

哪怕伤痕累累，就是爬也要爬过去

我最后见到阿辉是在三个月前的高中同学聚会上。那天的阿辉，穿着很随意，戴着黑框眼镜，整个人没有一点精气神，如同一个刚下战场的人。

那天晚上的聚会，给我留下最深印象的也是阿辉。或许是因为他讲述了他大学毕业后的曲折历程吧！阿辉的家境很不错，刚一大学毕业，他从父母那里借了一笔钱，创业做了一家服装公司。可没想到的是，那时候正赶上生意难做，再加上他还没有创业经验，仅过了一年，他的服装公司就倒闭了，创业也就宣告失败！

后来，他选择北上，跟着舅舅做金融，可不到半年时间，因为他的一次失误，又亏损了不少钱，他十分自责，认为没有脸面对舅舅，便从北京离开了。

之后，阿辉跟朋友合伙在丽江开了一家酒吧。刚开始时，酒吧生意还不错。可慢慢地，阿辉觉得这家酒吧除了能给他挣钱，不能带来任何别的价值和存在感，他越发感觉没有意思。于是，他逐渐消极怠工，再加上他的朋友忙着谈恋爱，酒吧的生意无人顾及。结果没过多久，店里便很少有客人了。最后，他实在没有办法，只能低价把酒吧转让了出去。

在这之后的几年时间里，阿辉不停地换工作，也做过几次创业，可每次都是半路夭折，最终以失败而告终。他每次都中途而弃，没有坚持到底。阿辉在整个聚会过程中都很沉闷，一直闷着头吃饭喝酒。看着以前的同学现在都混得有声有色，尤其是那些曾经条件不如自己的，阿辉心里很不是滋味。

成功从来不是容易的一件事。我们总是期望自己能拥有一个好的平台，一个好的发展机会，可就算是你有了这些条件，如果没有坚持到底，如果遇到困难就轻易放弃，最终还是会失败。

金恩星，韩国女运动员，在 2012 年伦敦奥运会现代五项资格赛的女子个人决赛中让世人记住了她。

比赛刚开始，金恩星便处于领先位置，可没想到的是，在距离终点仅差 5 米时，意外发生了，她在冲刺时意外摔倒了！

因为冲刺时用力太猛，她的左脚踝严重扭伤，整个人趴在地上，起不来。此外，她的右侧股关节也出现了错位，右手也因猛烈着地导致脱臼。看着一个个运动员从她身边飞驰而过，金恩星拼命地站起来，可实在是太疼了，她又倒下了！

时间一秒秒地溜走，可她拼尽全力却还是站不起来。是否该放弃比赛？作为运动员，金恩星很清楚，如果这时候选择了放弃，就再也没有资格去谈体育精神了！可自己现在站都站不起来，又该怎么办呢？突然，她的脑海中产生了一个疯狂的念头，就算爬，自己也要爬过去！

于是，大家在当天的比赛现场看到这样令人感动的一幕：凭借着一只左手的力量，金恩星艰难地在地上前进。每一次前进，身体都要承受巨大的痛苦，仅仅爬了半米，因为疼痛，汗水就已经挂满了额头。但她依旧不放弃，咬紧牙关，继续向前爬去，很快，汗水浸透了她的衣服，脸色变得越发苍白。因为剧烈疼痛，她浑身的肌肉出现了颤抖。旁边的裁判和教练实在不忍心，纷纷劝阻，不让她继续爬了。可她没有理会，继续前进。紧接着，旁边的医生也跑了过来，劝她立即放弃比赛，马上接受治疗。她却说："我没事！"

这时，看台上有人开始呼喊她的名字，一个，两个，一百个，一千个，很快，所有人都在呼喊她的名字，为她加油呐喊："金恩星、金恩星、金恩星……"

就这样，靠着钢铁般的意志，金恩星一直向终点爬去。短短的 5 米，金恩星竟爬了整整 20 分钟。当她爬到终点，看台上的所有人都站了起来，为她呐喊欢呼。就在这时，金恩星再也忍受不住剧痛，昏了过去。

毋庸置疑，金恩星是这场比赛的最后一名，但她坚持到底的精神却感动了整个世界。裁判员约翰逊在比赛结束时说道：“冲刺有很多种姿态，当然爬也是其中一种。金恩星的体育精神值得每个人感动和铭记。”

爬，也算冲刺姿势中的一种。

只有在压力面前，人类才会爆发出无限的可能。在任何困难面前，我们都不应该放弃。在本该挥洒汗水的时候选择安逸；在本该辛勤劳作的时候选择了荒废年华；在本该收获的年纪选择了懒惰，这最终会导致你碌碌无为地收场。本来我们拥有足够的资本，可以去奋发图强，创造未来，可你却害怕受苦受累，不愿去做。

只有忍受破茧时的痛苦，才能成为美丽的蝴蝶，只有经过浴火的历练，才能获得重生，成为高贵的凤凰。

马云曾说过这样一句话：只要是自己认定的路，就算爬也要爬过去。

没有人会一直一帆风顺。在走向成功的这条道路上，会有各种各样的磨难和不幸，但你一定要坚持，不忘初心，一步步朝目标走去，哪怕前方的道路充满泥泞，哪怕会让你伤痕累累，但也要保持士气，昂首挺胸，坚持走下去。

跌倒了还能站起来，才叫奋斗

跌倒之后，有些人便再也爬不起来了，一味地沉浸于过去，不思进取，对着自己辉煌的过去喋喋不休。跌倒之后，停在原地，从此垂头丧气，这叫放弃；只有跌倒过后，自己勇敢地爬起来，并继续前进，才能称之为奋斗。

以前，我眼中的自由是可以不受任何人的约束，做自己想做的事。因此，我时常感到困惑，我想要的仅仅是自由，可就这样一个小小的要求都无法实现吗?

一个偶然的机会，我听到一位客座教授讲了一段话："自由，并不是你想做什么就能做什么，而是你不愿去做什么，就能不去做什么。人生在世，需要考虑的事情实在太多了，我们会被迫去做某些事。想要获得自由，并不是那么简单的一件事，只有你努力过后，获得成功，你才有资格谈自由。"

在工作上，我总是尽心尽责，大事小事亲力亲为，毫不懈怠。结果时间一长，我却发现，自己所做的事情与最初的梦想完全不沾边。

就在我不知所措时，我遇见了白洛。她是一家合作公司的策划负责人，因为工作方面的事情，再加上性格相合，我们很快就成了好朋友。

就在这一天苦闷时，我把现在的情况说给了她听。

她淡淡地说道："那位教授的话，我很赞同，因为根本没有人能做到真正地随心所欲，我们每时每刻在接受着道德、法律、社会舆论的制约。你看我现在如此自由，我也是历经苦难，用很多年的努力奋斗才换来现在的一切。"

突然，她抬起头，望向远方的天空，似乎是在回忆些什么。这种突如其来的安静，让我明白，她的过去一定不好过。接着，她娓娓道来。

"或许你根本不敢相信，2008 年的那场大地震，埋葬了我所有的家人，只有我幸免于难。然而我并没有接受国家的补贴，因为失去所有亲人的痛是无法用金钱来弥补的。于是，我又回到了这里，像往常一样，继续工作。这并不是因为我不悲伤，而是我想起母亲当初说的一句话，'好好工作，将来有一天能出人头地，成为一个体面的城里人。'"

我万万没想到，表面看起来乐观阳光，整日满脸笑容的她，竟然有这样悲惨的经历。看见她眼中饱含泪水，我急忙抽出纸巾递给她，她却拒绝了，她强忍住泪水说道：“从那以后，我就暗自告诉自己，不要哭，因为哭显得你更可怜，根本解决不了任何问题。”

她笑了笑，说道：“为了提升销售业绩，我拼命地开单，除了陪睡，我几乎试过所有的办法。我的酒量并不好，但我还是陪客户喝，甚至喝到吐血，被120拉往医院三次。可就算这样，我的业绩还是没有别人高，最后，我很自觉地辞职了！那时候的我，十分落魄，住在一间仅能放下一张床的阴暗潮湿的地下室里。白天出门找工作，晚上到家倒头就睡，根本不知道该向何方努力。

“后来，我费尽千辛万苦，终于找到一份策划的工作，虽说工资不算高，但为了能从那个可怕的地方离开，我选择了这份职业。公司主要负责的是酒店管理这块，工作环境还可以。可我从来没有接触过策划这一块，我便向同事请教，结果他们总是以各种理由推脱，不愿传授。那一刻，我真正明白了什么叫职场潜规则。没有办法，我只能上网独自学习。平时公司聚会，我也是最受排挤的一个。这让当时的我陷入深深的自卑之中。因为是第一次涉足策划这块，我难免经常犯错误。在那个阶段，我惶惶不可终日，不知未来该怎么走。

“再后来，我无意间结识了一位从事策划的人，那时候的我早已没有了退路，决定选择跟他学习。然后，我们两个人便结婚了。可以说，我的启蒙老师就是我丈夫！”

白洛之后又另外点了两份咖啡，特意嘱咐不给自己的那杯放糖，接着说道：“我人生中的第一份策划方案竟被他批评得一无是处，之后重做的第二份依旧让他批了一顿。尽管所有人都在否定我，但他依旧坚定不移地站在我这边，继续耐心指导着我！

“一年，我用了整整一年时间，才变得能独当一面，独自策划方案。也就是从那时起，我才得到了别人的肯定。渐渐地，我从一年可以完成几个策划方案，到现在一年可以完成四十多个。我好不容易才走到今天这一步，可以将那些我不想做的事情拒绝掉。或许我现在的生活，就是那位教授口中的自由吧！为了自由，我们必须努力奋斗。”

十年，白洛用了十年时间，才换来了这份“自由”。

看着她开着上百万的跑车离去，我感觉找到了自己人生的方向，心中也逐渐变得明朗，自由原来是一种灵魂的释放和解脱，是可以拒绝自己不想做的事情。通过努力，获得自信，再用自信驱逐自己内心的压力，当你真正达到一定高度时，自然能体会到这种感觉。

所谓“自由”，皆是奋斗的结果。

有一段时间，我很迷茫，不知道自己苦苦追寻的自由到底在何方。可我现在明白了，愿你也能找到真正适合自己的路，不断前进吧！

跌倒了还能站起来，这才是奋斗。